# La formación
# de los elementos químicos

## La física del origen de la materia

Enrique Nácher González y Sergio Pastor Carpi

 CSIC

CATARATA

Colección ¿Qué sabemos de?

DIRECCIÓN
ISABEL VARELA NIETO

SECRETARÍA
CARMEN GUERRERO MARTÍNEZ

COMITÉ EDITORIAL
PILAR TIGERAS SÁNCHEZ, CSIC
PURA FERNÁNDEZ RODRÍGUEZ, VACC, CSIC, MADRID
MANUEL DE LEÓN RODRÍGUEZ, ICMAT, CSIC, MADRID
ARANTZA CHIVITE VÁZQUEZ, EDITORIAL LOS LIBROS DE LA CATARATA
JAVIER SENÉN GARCÍA, EDITORIAL LOS LIBROS DE LA CATARATA
CARMEN PÉREZ SANGIAO, EDITORIAL LOS LIBROS DE LA CATARATA
JOSÉ ANTONIO LÓPEZ CEREZO, UNIVERSIDAD DE OVIEDO
MARÍA BLANCH, UNIVERSIDAD COMPLUTENSE DE MADRID
RAÚL IBÁÑEZ TORRES, UNIVERSIDAD DEL PAÍS VASCO
JUAN ÁNGEL VAQUERIZO, ISDEFE
MARÍA ISABEL PORRAS GALLO, UNIVERSIDAD DE CASTILLA-LA MANCHA

CATÁLOGO DE PUBLICACIONES DE LA ADMINISTRACIÓN GENERAL DEL ESTADO:
https://cpage.mpr.gob.es

© Enrique Nácher González y Sergio Pastor Carpi, 2025
© CSIC, 2025
  http://editorial.csic.es
  publ@csic.es
© Los Libros de la Catarata, 2025
  Fuencarral, 70
  28004 Madrid
  Tel. 91 532 20 77
  www.catarata.org

ISBN (CSIC) 978-84-00-11371-1
ISBN ELECTRÓNICO (CSIC) 978-84-00-11372-8
ISBN (CATARATA): 978-84-1067-250-5
ISBN ELECTRÓNICO (CATARATA): 978-84-1067-251-2
NIPO: 155-25-009-9
NIPO ELECTRÓNICO: 155-25-010-1
DEPÓSITO LEGAL: M-3.180-2025
THEMA: PDZ/PHN/PNK

# Índice

# Introducción

En el marco de la búsqueda de los componentes fundamentales de la materia, los elementos químicos siempre han jugado un papel importante. El concepto de qué es un elemento, sin embargo, no ha sido el mismo a lo largo de nuestra historia. En las civilizaciones antiguas ya se había postulado la existencia de un número limitado de elementos básicos que formaban todo lo que nos rodea, y los filósofos griegos llegaron incluso a concebir la idea del átomo como la base indivisible de la materia. Pero solo mucho más tarde, con la adopción del método científico junto con la mejora de las técnicas de laboratorio, se produjeron los avances necesarios para desarrollar la idea moderna de elemento químico. En el inicio del siglo XIX, la teoría de Dalton asoció cada elemento a un tipo diferente de átomo, de tal manera que las reacciones químicas entre distintos compuestos pueden entenderse como intercambios de átomos que producían nuevas sustancias en el estado final. Así, cada elemento se identificaba por tener átomos iguales, que son los bloques fundamentales que forman las moléculas y, en general, todos los compuestos químicos.

Hasta una época relativamente reciente, a principios del siglo XX, los elementos seguían siendo aquellas sustancias puras que no podían descomponerse en otras más sencillas a través una reacción química. Al estudiar sus propiedades con precisión creciente, la comunidad científica observó que ciertos grupos de elementos presentaban comportamientos parecidos. Estos estudios condujeron a la creación de las primeras versiones de la tabla periódica, donde el orden de los elementos se fijó en función de su peso atómico. La actual tabla periódica de los elementos, ahora ordenados de acuerdo al llamado número atómico, continúa siendo una herramienta fundamental de la química y, además, es un icono de la ciencia conocida por prácticamente cualquier persona.

La indivisibilidad de los átomos fue puesta en cuestión debido a ciertas medidas llevadas a cabo en los últimos años del siglo XIX y la primera década del XX. Se demostró que los átomos tenían una estructura interna casi totalmente vacía excepto en un volumen muy pequeño ocupado por su denso núcleo. Este acumula la masa del átomo, mientras que una nube de electrones forma el resto. De manera inesperada, resultó que los elementos ya no eran tan *elementales*, ya que sus átomos se componían de partículas más fundamentales. Por un lado estaban los electrones, que siguen siendo verdaderas partículas elementales, mientras que el núcleo atómico está constituido por protones y neutrones, que ahora sabemos que son partículas compuestas. Los electrones son trascendentales a la hora de explicar las propiedades químicas de un elemento como, por ejemplo, su comportamiento al reaccionar con otros para formar compuestos. Pero son las partículas del núcleo atómico las que identifican a un elemento: todos sus átomos poseen el mismo número de protones.

En cualquier reacción química se preserva el número de átomos de cada elemento que interviene. Incluso en los procesos más complejos cambia el modo en que esos átomos se combinan, pero no se crean nuevos. Tomemos, por ejemplo, la combinación de hidrógeno con oxígeno para formar agua, cuya molécula ($H_2O$) tiene un átomo de oxígeno (O) entre dos de hidrógeno (H). La reacción química que permite obtener los dos tipos de gas a partir del agua es la electrólisis ($2H_2O \rightarrow 2H_2 + O_2$), donde vemos que el número de átomos de oxígeno o hidrógeno es idéntico en los estados inicial y final.

La generación de los elementos, imposible mediante reacciones químicas, es una cuestión científica fundamental. Es necesario, además, dar respuesta a por qué los elementos se encuentran en cantidades tan diferentes en la naturaleza. Por ejemplo, en la corteza terrestre abundan el oxígeno y el silicio, pero hay muy poco platino y el francio es extremadamente escaso. En cambio, en el universo en su conjunto son preponderantes los dos elementos más ligeros (hidrógeno y helio), mientras que el resto únicamente da cuenta de un 2% de la materia.

Los primeros indicios sobre el tipo de fenómeno que podía originar nuevos elementos se hallaron justo antes de comenzar el siglo pasado. Se demostró que algunos elementos pesados, como el uranio, podían sufrir un proceso físico que ocasionaba la emisión de radiación electromagnética o nuevas partículas. Tras estudiar en detalle este proceso, llamado radiactividad, se concluyó que la parte del átomo que sufría un cambio era el núcleo. A veces, la emisión de radiación se acompaña de la creación de un núcleo hijo con un número distinto de protones. Por tanto, la respuesta a cómo se transforma un elemento químico en otro se encuentra en las reacciones donde intervienen los núcleos atómicos.

El objetivo de este libro no es otro que mostrar cuándo y en qué situaciones pueden ocurrir los procesos físicos responsables de originar los distintos elementos. Este conjunto de procesos, llamados de nucleosíntesis, dan lugar a las abundancias observadas de los elementos, y no pueden suceder en cualquier parte. Lo habitual es que los nuevos núcleos surjan de la fusión (unión) de núcleos más ligeros, que deben situarse lo bastante cerca para vencer la fuerza de repulsión electromagnética entre sus protones. Las condiciones necesarias, que incluyen valores altísimos de la temperatura, no son frecuentes en la naturaleza. De hecho, en general solo se dan en el interior de las estrellas.

La clave para entender los procesos de nucleosíntesis reside en las propiedades de los núcleos. Algunas combinaciones de neutrones y protones son estables, pero otros muchos núcleos se desintegran tras periodos que pueden ser tan largos como miles de millones de años o tan breves como diminutas fracciones de segundo. Por otra parte, la famosa ecuación de Einstein que relaciona masa y energía es fundamental para comprender los procesos nucleares, donde la ley de conservación de la energía debe incluir la contribución de las masas. De hecho, en las reacciones nucleares, que se escriben de manera muy similar a las químicas, la conservación de la masa debe tener en cuenta las transformaciones de masa en energía y viceversa.

La primera teoría establecía el origen de los elementos químicos en las primeras fases de la evolución del universo, cuando solo tenía algunos minutos de edad. Actualmente sabemos que no es el caso para todos los elementos, pero sí conocemos que existió una etapa llamada nucleosíntesis primordial que creó la mayor parte de los elementos más ligeros, como el hidrógeno y el helio. De acuerdo con la teoría del Big Bang, la expansión del universo provocó su enfriamiento, de tal manera que la temperatura no era lo suficientemente grande para continuar los procesos de fusión nuclear. La generación de núcleos de elementos más pesados no fue posible, más allá de pequeñas trazas de litio. Las actuales observaciones de las abundancias primordiales de los elementos más ligeros concuerdan bien con las predicciones y son uno de los pilares que afirman el modelo cosmológico.

La época de la nucleosíntesis primordial fue muy anterior a la formación de las primeras estrellas, que no surgieron hasta unos cientos de millones de años más tarde. Además de los elementos ligeros primordiales, con muy pocas excepciones, el resto de elementos del cosmos se producen en el interior de las estrellas. La vida de una estrella recorre una serie de fases donde las reacciones de fusión nuclear, partiendo primero del hidrógeno, suceden en su región central y crean núcleos de helio y de otros elementos. La energía resultante de los procesos de fusión es el origen de la presión necesaria para mantener la estabilidad de la estrella frente a la de la gravedad que produce su enorme masa.

En la actualidad, la disciplina científica conocida como astrofísica nuclear estudia los modelos de síntesis estelar. El tipo y la cantidad de núcleos que una estrella puede crear dependen de factores como su tamaño y su edad. Por ejemplo, una estrella de tamaño medio, como el Sol, quemará hidrógeno para producir helio durante varios miles de millones de años. Sufrirá después una fase de gigante roja, y en sus últimos 100 millones de años de vida transformará parte de su helio en núcleos algo más pesados como el carbono, para terminar su existencia convertida en una enana blanca. En cambio, estrellas más grandes que la nuestra pueden llegar a crear muchos más elementos hasta llegar al entorno del hierro, a partir del cual la formación de núcleos aún más pesados ya no produce energía, sino que necesitaría un aporte externo.

El origen de los elementos por encima del hierro está en los procesos de absorción de neutrones libres, presentes en ciertas fases de la evolución de algunas estrellas. Esta reacción puede crear núcleos tan pesados como el del plomo, aunque la producción de los elementos que le siguen en la tabla periódica parece ser exclusiva de situaciones astrofísicas tan singulares como las explosiones de supernova o la fusión de estrellas de neutrones.

Las estrellas no son solo la principal fuente de producción de los elementos, sino que también se encargan de dispersarlos por el medio interestelar. Los vientos de gas que escapan de las estrellas se llevan parte de la materia originada en su interior, en general de un modo continuo y tranquilo, pero a veces de manera violenta cuando se trata de una supernova. El material interestelar se nutre de estos nuevos elementos y sus regiones más densas pueden condensarse hasta crear las estrellas de la siguiente generación, como en el caso de nuestro Sol y su sistema de planetas. La Tierra y la misma existencia de la vida son consecuencia directa de la sucesión de nacimientos y muertes de estrellas.

Hoy en día la tabla periódica comprende 118 elementos, pero de ellos solo alrededor de 90 pueden hallarse en la naturaleza. Los que faltan, en general los más pesados, son inestables y sufren procesos de desintegración tras periodos que suelen ser más breves al aumentar la masa del núcleo correspondiente. El estudio de las propiedades de estos elementos ha sido posible mediante nuevos métodos de producción a partir de ciertas reacciones nucleares. La competición por lograr sintetizar los núcleos de los elementos más allá del uranio comenzó en la década de 1940. Desde entonces, laboratorios de varios países han tomado parte en la carrera por conseguir crear nuevos elementos, cada vez más pesados. Esta interesante historia de colaboración y rivalidad ha tenido episodios polémicos, como cuando distintos equipos se disputaron el descubrimiento de un cierto elemento y, en consecuencia, la prioridad a la hora de elegir su nombre. La última parte de este libro está dedicada a repasar los principales hitos de la producción de estos núcleos superpesados.

# Un vistazo a los elementos químicos

Aunque en la actualidad sabemos que no son los componentes fundamentales de la materia, los elementos químicos han ocupado un lugar muy relevante en el estudio de su estructura interna, y la manera en que los identificamos y clasificamos ha evolucionado a lo largo de la historia. En este capítulo presentaremos los elementos, desde los nombres que han recibido, a veces relacionados con planetas, con países o con personas, hasta su clasificación en la tabla periódica, el gran logro de la experimentación química del siglo XIX. Por otro lado, entender cómo se relacionan las propiedades de los elementos con la disposición de protones, neutrones y electrones en el interior del átomo fue uno de los mayores éxitos de la física del siglo XX.

Como veremos, los valores de las abundancias observadas en la Tierra y en el universo son tan desiguales que indican que los elementos deben crearse mediante procesos distintos en la naturaleza, que van desde la formación de los elementos más ligeros en los primeros instantes del universo hasta los más pesados, sintetizados en las explosiones estelares. Este capítulo ofrece una visión general de estas ideas fundamentales, sentando las bases para, en el resto del libro, explorar en detalle el papel de la nucleosíntesis en la creación de los elementos.

Toda la materia que nos rodea está constituida por átomos pertenecientes a algún elemento químico, ya sea en estado puro, si todos son átomos del mismo elemento, o formando compuestos, cuando se trata de la combinación de varios. Cada elemento químico está compuesto por un tipo específico de átomos con la misma estructura electrónica, aunque pueden tener diferente masa, como veremos al hablar de isótopos. De igual manera, cada clase específica de átomos está relacionada con un único elemento químico, de entre los poco más de cien que ahora sabemos que existen.

A lo largo de la historia de la humanidad, tanto el concepto como el número de los elementos conocidos han ido variando. Algunos elementos, entre 9 y 12 según las fuentes, ya eran conocidos desde la Antigüedad. Por ejemplo, los llamados metales nobles, como la plata o el oro, que se hallan en estado puro en la naturaleza, eran los más deseados para fabricar monedas o joyas. Otros elementos fueron tan importantes en el desarrollo de nuestra sociedad que llamamos Edad de los Metales a una etapa de la prehistoria, dividida a su vez en periodos que llevan el nombre de dos elementos, conocidos como las edades del Cobre y del Hierro. Entre estas dos, se desarrolló la Edad del Bronce, que no es propiamente un elemento sino una aleación o mezcla homogénea de dos metales: el cobre y el estaño.

La mayor parte de los elementos se descubrió entre la segunda mitad del siglo XVIII y finales del XIX. En este periodo de esplendor, el desarrollo de procedimientos químicos cada vez más precisos permitió identificar y estudiar las propiedades de muchos elementos, algunos ya predichos antes de que se confirmara su existencia. Por ejemplo, tal y como veremos en este capítulo, los elementos postulados por Mendeléyev en 1869. Los últimos elementos restantes que existen en la naturaleza se descubrieron en la primera mitad del siglo XX, mientras que solo desde 1940 fue posible la creación y el análisis de los elementos más pesados en laboratorios artificiales. El hallazgo de estos últimos, radiactivos y por lo general de vida muy breve, ha ido completando la famosa tabla periódica hasta llegar al oganesón, el elemento más pesado conocido en la actualidad y que ocupa la posición 118 de la lista.

## Los elementos y sus nombres

Los nombres de los elementos químicos son un reflejo de su variedad. Dejando de lado aquellos conocidos desde la prehistoria, quienes descubrieron nuevos elementos tuvieron la oportunidad de bautizarlos. Así, podemos encontrar nombres relacionados con un objeto astronómico (plutonio, selenio, uranio), aspectos mitológicos (iridio, titanio, torio) o personas, sobre todo científicos ilustres (curio, bohrio, einstenio). Otras opciones incluyen relacionar los elementos con lugares, tanto regiones o ciudades (americio, californio, europio, holmio) como países (germanio, nihonio, polonio). Francia puede presumir de tener dos elementos en su honor (galio y francio), pero sin duda el lugar más famoso en este sentido es una localidad sueca llamada Ytterby. Situada en una isla cerca de Estocolmo, en relación con su mina fueron descubiertos bastantes elementos pertenecientes a las conocidas como tierras raras. Entre ellos, hay cuatro cuyo nombre deriva directamente del mismo pueblo: erbio, iterbio, itrio y terbio.

En ocasiones se asignó un nombre a un nuevo elemento que posteriormente se demostró erróneo, bien porque correspondía a otro ya conocido, a una mezcla, o bien porque simplemente no existía. Sin estas rectificaciones, quizás ahora usaríamos borbonio, ciclonio y casiopeo en lugar de bario, prometio y lutecio, respectivamente. Capítulo aparte merece la polémica de finales del siglo XX relacionada con los nombres de algunos elementos más pesados que el fermio, cuando grupos de diferentes países reivindicaron casi a la vez su descubrimiento y, por tanto, la prioridad de bautizarlos. Estas disputas, conocidas como guerras transférmicas, no terminaron hasta 1997, gracias a una nueva propuesta de la Unión Internacional de Química Pura y Aplicada (IUPAC, por sus siglas en inglés) para nombrar los elementos 104 a 109.

Precisamente es la IUPAC la responsable de fijar de manera definitiva el nombre de un nuevo elemento (definido como tal si vive más de $10^{-14}$ s, el tiempo estimado que tarda en adquirir electrones), y esto lo decide tras tener en cuenta la propuesta del grupo científico que lo ha descubierto. Una vez reconocida la prioridad del equipo correspondiente, se le invita a plantear un nombre para el nuevo elemento. Las posibles opciones incluyen un concepto mitológico (también un objeto astronómico), un mineral, un lugar o una región, una propiedad del elemento o una persona destacada del mundo científico. La IUPAC considera la propuesta, que, tras comprobar su consistencia y facilidad de traducción en otras lenguas distintas del inglés, queda en exposición pública durante unos meses. A continuación, el consejo de la IUPAC toma la decisión final y el nuevo nombre se incorpora a la tabla periódica de los elementos.

Para identificar de manera abreviada cada uno de los elementos químicos, desde hace más de dos siglos se utilizan símbolos formados por una o dos letras. La primera letra se escribe en mayúscula, y la segunda (si la hay) en minúscula. Por ejemplo, el símbolo del hierro es Fe, mientras que el del nitrógeno es simplemente N. En total hay 14 elementos cuyo símbolo tiene una sola letra. Todos los compuestos químicos se escriben utilizando los símbolos de los elementos, que también aparecen en las reacciones químicas y, como veremos más adelante, en los procesos nucleares.

## Concepto y clasificación de los elementos

La noción de elemento como ingrediente fundamental de la materia comienza con el interés por saber la composición del cosmos. Las diferentes culturas antiguas llegaron a distintas conclusiones sobre el tipo y el número de elementos.

En el caso de la civilización griega, los antiguos filósofos presocráticos imaginaron que existían cuatro elementos básicos (aire, agua, fuego y tierra) y pretendieron explicar las propiedades de la materia en función de sus combinaciones. Por ejemplo, la humedad surgía al mezclar agua y aire. Aristóteles añadió un quinto elemento, el éter o quintaesencia, y vinculó cada uno de los cinco con uno de los sólidos platónicos o poliedros regulares. En cambio, la filosofía china tradicional conserva el agua, el fuego y la tierra, pero completa los cinco elementos con la madera y el metal.

El modelo de los cuatro elementos de la naturaleza siguió vigente en la cultura occidental durante la Edad Media. En esa época, y hasta inicios del Renacimiento, los alquimistas, precursores de los químicos actuales, aspiraban a transformar una sustancia en otra modificando las cantidades de estos elementos. Una de sus metas era obtener oro o plata a partir de metales vulgares, es decir, la transmutación o cambio de elementos. Aunque carecía de una base puramente científica, la alquimia contribuyó al avance de técnicas experimentales y equipos de laboratorio que se usaron y perfeccionaron posteriormente.

Fue un alquimista llamado Robert Boyle quien definió un elemento como "una sustancia que no se puede descomponer en otras más simples a través de una reacción química", todavía en el siglo XVII. Jugó un importante papel en el nacimiento de la química como ciencia, basada en experimentos y medidas precisas sobre los cambios en la materia. Durante el resto de aquel siglo y todo el siguiente, otros investigadores continuarán el trabajo pionero de Boyle y sus colaboradores, mejorando las técnicas de laboratorio y descubriendo nuevos elementos y sustancias químicas.

El padre de la química moderna fue el francés Antoine Lavoisier, que estableció las bases de esta ciencia a finales del siglo XVIII. En particular, gracias a detallados experimentos pudo demostrar que la cantidad total de materia se conservaba en una reacción química, aunque las sustancias finales fueran diferentes de las iniciales. Es decir, que "la materia ni se crea ni se destruye, solo se transforma" (ley de conservación de la masa). Honrado con múltiples reconocimientos por sus contribuciones científicas, desgraciadamente Lavoisier murió guillotinado en 1794 durante la Revolución francesa, condenado por su relación con actividades de recaudación de impuestos.

Las leyes fundamentales de la química se fijaron poco tiempo después. Entre ellas se cuenta la ley de las proporciones múltiples: cuando dos elementos se combinan para dar lugar a diferentes compuestos lo hacen en una proporción que está en relación de números enteros sencillos. Si consideramos esta ley desde nuestro punto de vista, no parece muy sorprendente: al combinar una cantidad dada de carbono (C) con oxígeno (O), necesitaremos justo la mitad de oxígeno para formar monóxido de carbono (CO) que para crear dióxido de carbono ($CO_2$).

Entrado el siglo XIX, fue el inglés John Dalton quien propuso la teoría atómica como modelo teórico que explicaba la ley de las proporciones múltiples. Al considerar las masas de los elementos que se combinaban entre sí, Dalton derivó los pesos atómicos de seis elementos de una manera indirecta, fijando el del hidrógeno a la unidad. A partir de esta suposición, postuló que las sustancias químicas estaban formadas por la combinación de partículas de diferentes pesos. Estas partículas son precisamente los átomos propios de cada elemento químico, y cada compuesto siempre posee el mismo número relativo de tipos de átomos.

En la teoría atómica de Dalton, es posible dar una explicación sencilla a una reacción química entre compuestos: se trata de un cambio en la manera en que los átomos se agrupan formando, por ejemplo, moléculas. A pesar de que esta teoría se inspiraba en las ideas de algunos filósofos griegos, donde la materia estaba hecha de combinaciones de pequeñas partículas indivisibles llamados átomos ("indivisible" en griego), la teoría propuesta por Dalton tenía ya un carácter científico porque ofrecía predicciones.

Esta teoría fue puesta a prueba con éxito por muchos químicos en las primeras décadas del siglo XIX. Alrededor de 1850, un gran número de científicos comenzó a elaborar la idea de agrupar los elementos que tuvieran características químicas similares. Un ejemplo de su esfuerzo lo constituyen las tríadas, que son grupos de tres elementos en los que el peso atómico y las propiedades químicas de uno de los tres eran más o menos iguales al promedio de las mismas propiedades de los otros dos.

La clasificación de los elementos químicos culminó con la primera versión de la tabla periódica. En la década de 1860, el químico ruso Dimitri I. Mendeléyev llevaba ya años pensando en los elementos y sus pesos atómicos. Fue en 1869 cuando su idea de ordenar los poco más de 60 elementos conocidos, dispuestos en filas y columnas, se presentó formalmente en una reunión de la Sociedad Química Rusa. En su ley periódica, Mendeléyev agrupó los elementos con características químicas similares en orden creciente de la masa de sus átomos. Además de corregir el peso atómico de algunos elementos conocidos, dejó huecos en la tabla para elementos todavía no descubiertos. En concreto, Mendeléyev postuló la existencia de nueve de ellos (Sc, Ga, Ge, Tc, Re, Po, Fr, Pa), que fueron hallados más tarde, aunque también debemos decir que erró en otras nueve predicciones. De este modo nació la famosa tabla periódica que, tras ampliarse con los elementos descubiertos posteriormente hasta los 118 elementos conocidos, sigue hoy en día plenamente vigente.

## La tabla periódica

La tabla periódica de los elementos químicos, icono de la ciencia y de la cultura popular, no puede faltar en ningún laboratorio, desde los colegios a las universidades. Esta cuadrícula clasifica los 118 elementos de un modo simple y ordenado, agrupándolos en filas y columnas. A pesar de su aspecto sencillo, la tabla periódica desvela muchas relaciones entre los elementos químicos, que han conducido a avances tanto en la química como en otras ciencias, y en particular en la física.

En el formato convencional de la tabla periódica los elementos se disponen en 18 columnas o grupos y siete filas o periodos (figura 1). El conjunto de elementos de cada grupo tiene propiedades químicas similares. Por ejemplo, justo

FIGURA 1

**Tabla periódica de los elementos químicos en su formato convencional o de longitud media, junto a los nombres y símbolos de los 118 elementos conocidos.**

Clave: número atómico / **Símbolo** / nombre / peso atómico estándar abreviado

| 1 | 2 | 3 | 4 | 5 | 6 | 7 | 8 | 9 | 10 | 11 | 12 | 13 | 14 | 15 | 16 | 17 | 18 |
|---|---|---|---|---|---|---|---|---|---|---|---|---|---|---|---|---|---|
| 1<br>**H**<br>hidrógeno<br>1,0080<br>± 0,0002 | | | | | | | | | | | | | | | | | 2<br>**He**<br>helio<br>4,0026<br>± 0,0001 |
| 3<br>**Li**<br>litio<br>6,94<br>± 0,06 | 4<br>**Be**<br>berilio<br>9,0122<br>± 0,0001 | | | | | | | | | | | 5<br>**B**<br>boro<br>10,81<br>± 0,02 | 6<br>**C**<br>carbono<br>12,011<br>± 0,002 | 7<br>**N**<br>nitrógeno<br>14,007<br>± 0,001 | 8<br>**O**<br>oxígeno<br>15,999<br>± 0,001 | 9<br>**F**<br>flúor<br>18,998<br>± 0,001 | 10<br>**Ne**<br>neón<br>20,180<br>± 0,001 |
| 11<br>**Na**<br>sodio<br>22,990<br>± 0,001 | 12<br>**Mg**<br>magnesio<br>24,305<br>± 0,002 | | | | | | | | | | | 13<br>**Al**<br>aluminio<br>26,982<br>± 0,001 | 14<br>**Si**<br>silicio<br>28,085<br>± 0,001 | 15<br>**P**<br>fósforo<br>30,974<br>± 0,001 | 16<br>**S**<br>azufre<br>32,06<br>± 0,02 | 17<br>**Cl**<br>cloro<br>35,45<br>± 0,01 | 18<br>**Ar**<br>argón<br>39,95<br>± 0,16 |
| 19<br>**K**<br>potasio<br>39,098<br>± 0,001 | 20<br>**Ca**<br>calcio<br>40,078<br>± 0,004 | 21<br>**Sc**<br>escandio<br>44,956<br>± 0,001 | 22<br>**Ti**<br>titanio<br>47,867<br>± 0,001 | 23<br>**V**<br>vanadio<br>50,942<br>± 0,001 | 24<br>**Cr**<br>cromo<br>51,996<br>± 0,001 | 25<br>**Mn**<br>manganeso<br>54,938<br>± 0,001 | 26<br>**Fe**<br>hierro<br>55,845<br>± 0,002 | 27<br>**Co**<br>cobalto<br>58,933<br>± 0,001 | 28<br>**Ni**<br>níquel<br>58,693<br>± 0,001 | 29<br>**Cu**<br>cobre<br>63,546<br>± 0,003 | 30<br>**Zn**<br>zinc<br>65,38<br>± 0,02 | 31<br>**Ga**<br>galio<br>69,723<br>± 0,001 | 32<br>**Ge**<br>germanio<br>72,630<br>± 0,008 | 33<br>**As**<br>arsénico<br>74,922<br>± 0,001 | 34<br>**Se**<br>selenio<br>78,971<br>± 0,008 | 35<br>**Br**<br>bromo<br>79,904<br>± 0,003 | 36<br>**Kr**<br>kriptón<br>83,798<br>± 0,002 |
| 37<br>**Rb**<br>rubidio<br>85,468<br>± 0,001 | 38<br>**Sr**<br>estroncio<br>87,62<br>± 0,01 | 39<br>**Y**<br>itrio<br>88,906<br>± 0,001 | 40<br>**Zr**<br>circonio<br>91,224<br>± 0,002 | 41<br>**Nb**<br>niobio<br>92,906<br>± 0,001 | 42<br>**Mo**<br>molibdeno<br>95,95<br>± 0,01 | 43<br>**Tc**<br>tecnecio<br>[97] | 44<br>**Ru**<br>rutenio<br>101,07<br>± 0,02 | 45<br>**Rh**<br>rodio<br>102,91<br>± 0,01 | 46<br>**Pd**<br>paladio<br>106,42<br>± 0,01 | 47<br>**Ag**<br>plata<br>107,87<br>± 0,01 | 48<br>**Cd**<br>cadmio<br>112,41<br>± 0,01 | 49<br>**In**<br>indio<br>114,82<br>± 0,01 | 50<br>**Sn**<br>estaño<br>118,71<br>± 0,01 | 51<br>**Sb**<br>antimonio<br>121,76<br>± 0,01 | 52<br>**Te**<br>telurio<br>127,60<br>± 0,03 | 53<br>**I**<br>yodo<br>126,90<br>± 0,01 | 54<br>**Xe**<br>xenón<br>131,29<br>± 0,01 |
| 55<br>**Cs**<br>cesio<br>132,91<br>± 0,01 | 56<br>**Ba**<br>bario<br>137,33<br>± 0,01 | 57-71<br>lantánidos | 72<br>**Hf**<br>hafnio<br>178,49<br>± 0,01 | 73<br>**Ta**<br>tántalo<br>180,95<br>± 0,01 | 74<br>**W**<br>wolframio<br>183,84<br>± 0,01 | 75<br>**Re**<br>renio<br>186,21<br>± 0,01 | 76<br>**Os**<br>osmio<br>190,23<br>± 0,03 | 77<br>**Ir**<br>iridio<br>192,22<br>± 0,01 | 78<br>**Pt**<br>platino<br>195.08<br>± 0.02 | 79<br>**Au**<br>oro<br>196,97<br>± 0,01 | 80<br>**Hg**<br>mercurio<br>200,59<br>± 0,01 | 81<br>**Tl**<br>talio<br>204,38<br>± 0,01 | 82<br>**Pb**<br>plomo<br>207,2<br>± 1,1 | 83<br>**Bi**<br>bismuto<br>208,98<br>± 0,01 | 84<br>**Po**<br>polonio<br>[209] | 85<br>**At**<br>astato<br>[210] | 86<br>**Rn**<br>radón<br>[222] |
| 87<br>**Fr**<br>francio<br>[223] | 88<br>**Ra**<br>radio<br>[226] | 89-103<br>actínidos | 104<br>**Rf**<br>rutherfordio<br>[267] | 105<br>**Db**<br>dubnio<br>[268] | 106<br>**Sg**<br>seaborgio<br>[269] | 107<br>**Bh**<br>bohrio<br>[270] | 108<br>**Hs**<br>hasio<br>[269] | 109<br>**Mt**<br>meitnerio<br>[277] | 110<br>**Ds**<br>darmstatio<br>[281] | 111<br>**Rg**<br>roentgenio<br>[282] | 112<br>**Cn**<br>copernicio<br>[285] | 113<br>**Nh**<br>nihonio<br>[286] | 114<br>**Fl**<br>flerovio<br>[290] | 115<br>**Mc**<br>moscovio<br>[290] | 116<br>**Lv**<br>livermorio<br>[293] | 117<br>**Ts**<br>teneso<br>[294] | 118<br>**Og**<br>oganesón<br>[294] |

| | | | | | | | | | | | | | | |
|---|---|---|---|---|---|---|---|---|---|---|---|---|---|---|
| 57<br>**La**<br>lantano<br>138,91<br>± 0,01 | 58<br>**Ce**<br>cerio<br>140,12<br>± 0.01 | 59<br>**Pr**<br>praseodimio<br>140,91<br>± 0,01 | 60<br>**Nd**<br>neodimio<br>144,24<br>± 0,01 | 61<br>**Pm**<br>prometio<br>[145] | 62<br>**Sm**<br>samario<br>150,36<br>± 0,02 | 63<br>**Eu**<br>europio<br>151,96<br>± 0,01 | 64<br>**Gd**<br>gadolinio<br>157,25<br>± 0,03 | 65<br>**Tb**<br>terbio<br>158,93<br>± 0,01 | 66<br>**Dy**<br>disprosio<br>162,50<br>± 0,01 | 67<br>**Ho**<br>holmio<br>164,93<br>± 0,01 | 68<br>**Er**<br>erbio<br>167,26<br>± 0,01 | 69<br>**Tm**<br>tulio<br>168,93<br>± 0.01 | 70<br>**Yb**<br>iterbio<br>173,05<br>± 0,02 | 71<br>**Lu**<br>lutecio<br>174,97<br>± 0,01 |
| 89<br>**Ac**<br>actinio<br>[227] | 90<br>**Th**<br>torio<br>232,04<br>± 0.01 | 91<br>**Pa**<br>protactinio<br>231,04<br>± 0,01 | 92<br>**U**<br>uranio<br>238,03<br>± 0.01 | 93<br>**Np**<br>neptunio<br>[237] | 94<br>**Pu**<br>plutonio<br>[244] | 95<br>**Am**<br>americio<br>[243] | 96<br>**Cm**<br>curio<br>[247] | 97<br>**Bk**<br>berkelio<br>[247] | 98<br>**Cf**<br>californio<br>[251] | 99<br>**Es**<br>einstenio<br>[252] | 100<br>**Fm**<br>fermio<br>[257] | 101<br>**Md**<br>mendelevio<br>[258] | 102<br>**No**<br>nobelio<br>[259] | 103<br>**Lr**<br>lawrencio<br>[262] |

UNIÓN INTERNACIONAL
DE QUÍMICA PURA Y APLICADA

debajo del hidrógeno tenemos en la primera columna a los metales alcalinos que, como el sodio, son muy reactivos con el agua. Le sigue el grupo de metales alcalinotérreos, como el magnesio, más duros pero menos reactivos que los anteriores.

La gran mayoría de los elementos son metales de varios tipos, entre los que encontramos a los metales de transición (grupos 3 a 12) o la región triangular inferior de los grupos 13 a 16, como el estaño o el plomo. Por el contrario, en esas mismas columnas tenemos elementos que son aislantes eléctricos, situados en el triángulo superior derecho delimitado por el carbono y el selenio. Son los elementos llamados no metales, junto al hidrógeno y al grupo 17 (los halógenos). En la línea de elementos que separa metales de no metales se encuentran los semimetales o metaloides, que, como el silicio, tienen propiedades intermedias.

En la última columna de la tabla se sitúan los gases nobles, como el helio o el neón, que son muy reacios a formar compuestos químicos con otros elementos o entre ellos mismos. En la versión más conocida de la tabla periódica hay dos conjuntos de elementos que, por convención, se presentan en dos filas independientes: los lantánidos y los actínidos. En realidad, su emplazamiento natural sería entre la segunda y la tercera columna de la tabla periódica, pero en el formato estándar o de longitud media están en su parte inferior para conservar una apariencia más compacta.

## La estructura interna de los átomos

La manera de ordenar los elementos químicos en la tabla periódica se anticipó a muchos de los descubrimientos posteriores a Mendeléyev, y en particular aquellos relacionados con la estructura interna de los átomos. Destacan dos hallazgos acontecidos en la última década del siglo XIX: la identificación de los electrones por parte del inglés Joseph J. Thomson y las primeras medidas de procesos radiactivos realizadas por el francés Henri Becquerel.

Thomson realizó experimentos con los rayos catódicos, llamados así porque surgían de uno de los extremos (el cátodo o electrodo negativo) de un tubo relleno de gas a baja presión, al someterlo a una diferencia de potencial eléctrico. Thomson estableció en 1897 que esta radiación, acelerada a una gran velocidad, tenía carga eléctrica negativa porque era desviada al acercar un imán al tubo. Estos corpúsculos cargados que formaban los rayos catódicos eran extremadamente ligeros, pues su masa era unas 1800 veces menor que la del átomo de hidrógeno. De esta manera se identificó al electrón como la primera partícula elemental subatómica.

Casi simultáneamente, Becquerel observó que ciertas sustancias, como las sales de uranio, eran capaces de emitir espontáneamente otro tipo de radiación que aparentemente no disminuía con el tiempo. Becquerel no consiguió hallar el origen de esta radiación persistente y penetrante, que podía atravesar desde hojas de papel hasta láminas metálicas, pero sus medidas dieron lugar a nuevos experimentos. Entre ellos destacaron los que realizó el matrimonio formado por Marie y Pierre Curie, que llevaron a la conclusión de que ciertos tipos de elementos podían cambiar de identidad tras la emisión de dicha radiación. Sumados a la existencia de los electrones, todos estos resultados no encajaban en un modelo de átomos indivisibles. De hecho, Thomson propuso una extensión del modelo de Dalton, en la cual el átomo es esencialmente una esfera de carga eléctrica positiva que contiene a los electrones repartidos por su interior. Por su apariencia, se le conoce como el modelo pudin de pasas.

El experimento clave para comprender la estructura interna de los átomos fue realizado en 1909 por el físico neozelandés Ernest Rutherford, quien, junto a sus colaboradores Geiger y Marsden, bombardeó una lámina muy fina de oro con las partículas emitidas por una fuente radiactiva. En general, tal y como se esperaba, observaron que la mayoría de estas partículas no sufrían grandes desviaciones de su trayectoria, pero fue muy sorprendente comprobar que unas pocas eran desviadas a grandes ángulos, incluso en la dirección de vuelta hacia su fuente. Rutherford comparó este hecho con "lanzar bolas de cañón a una hoja de papel de seda y que rebotasen". Las medidas solo se pueden explicar si los átomos están prácticamente vacíos, a excepción de una parte central diminuta donde se concentran las cargas positivas y casi toda su masa: el núcleo atómico.

Por tanto, desde las observaciones del equipo de Rutherford sabemos que el átomo posee un núcleo con un tamaño alrededor de cien mil veces menor que el del propio átomo. En torno a este núcleo, de carga positiva y muy denso, se mueven los electrones a distancias relativamente grandes. En un átomo eléctricamente neutro, el número de electrones debe ser el adecuado para compensar la carga positiva del núcleo.

El orden definitivo de los elementos en la tabla periódica se fijó en 1913, cuando el físico inglés Henry Moseley confirmó experimentalmente que podían ordenarse de acuerdo a una secuencia de números naturales, que llamamos el número atómico (Z), que vino a sustituir la vieja ordenación basada en el peso atómico. En un primer momento, el fundamento de su descubrimiento era la carga total eléctrica positiva, pero posteriormente el número atómico se relacionó con el número de protones en el núcleo, que es el mismo para todos los átomos de un elemento químico determinado. La descripción de la estructura interna de los átomos se completó en 1932, cuando James Chadwick descubrió los neutrones, las partículas sin carga eléctrica que acompañan a los protones en los núcleos.

La disposición de los electrones en los átomos es la responsable de las características químicas de cada elemento. La combinación de un elemento con otros para formar compuestos químicos depende del número de electrones más externos, sobre todo los de su última capa, llamados electrones de valencia. Precisamente, los elementos de cada grupo de la tabla periódica tienen propiedades químicas similares porque presentan el mismo número de electrones de valencia.

La estructura electrónica de los elementos se calcula a partir de la mecánica cuántica, que predice las regiones en las que es más probable hallar los electrones de un átomo. Estas regiones, llamadas orbitales atómicos, se caracterizan por los valores de cuatro números cuánticos, siendo el primero el llamado principal ($n$), relacionado con el nivel de energía de cada capa electrónica y que toma valores naturales ($n = 1, 2, 3...$). Cuanto menor es el valor de $n$, más cerca está la capa electrónica del núcleo atómico. Los valores del número cuántico secundario u orbital ($l$) van desde 0 hasta $n - 1$, mientras que el tercero se llama magnético ($m$) y puede ser un número entero desde $-l$ hasta $+l$, pasando por 0. Para cada combinación de $n$, $l$ y $m$ se puede encontrar un máximo de dos electrones que necesariamente tienen un valor opuesto al del cuarto número cuántico, llamado de espín (que puede ser $+1/2$ o $-1/2$). De acuerdo al principio de exclusión enunciado por el físico austríaco Wolfgang Pauli, los electrones de un átomo no pueden poseer los cuatro números cuánticos iguales. Por último, el orden de llenado de los electrones en cada orbital sigue la siguiente regla: se asignan de tal manera que aumente gradualmente el valor de la suma $n + l$. De esta manera se fija la cantidad máxima de electrones en cada orbital, tal y como de describe en la figura 2.

Figura 2

Orden de llenado de los electrones en los orbitales atómicos. El valor numérico corresponde al número cuántico principal ($n = 1, 2, 3...$), mientras que la letra indica el valor del número cuántico secundario siguiendo la secuencia s ($l = 0$), p ($l = 1$), d ($l = 2$) y f ($l = 3$). La cantidad de electrones en cada orbital se indica con un superíndice.

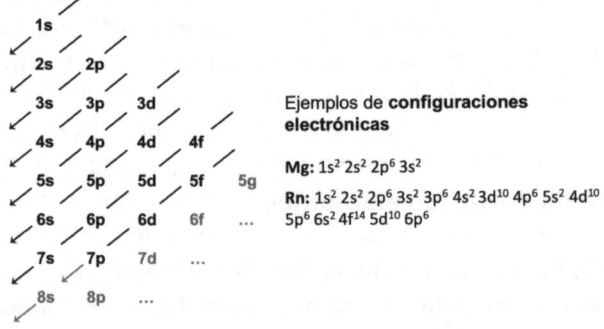

Ejemplos de **configuraciones electrónicas**

Mg: $1s^2 2s^2 2p^6 3s^2$

Rn: $1s^2 2s^2 2p^6 3s^2 3p^6 4s^2 3d^{10} 4p^6 5s^2 4d^{10}$ $5p^6 6s^2 4f^{14} 5d^{10} 6p^6$

FIGURA 3
**Estructura en bloques de la tabla periódica de los elementos químicos, que refleja la configuración electrónica de sus átomos.**

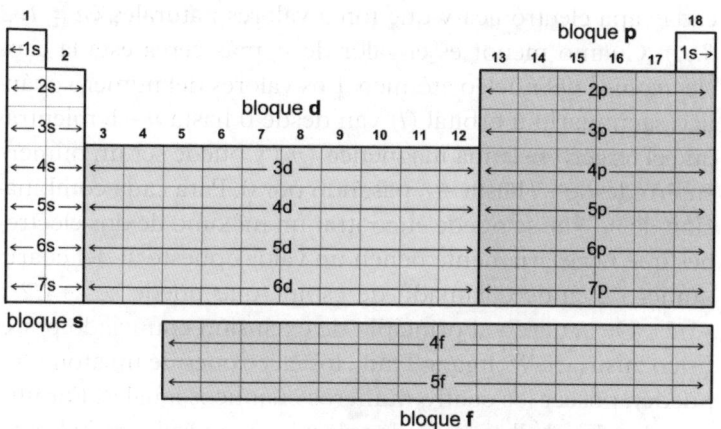

El orden de llenado de electrones en los orbitales atómicos explica la estructura en bloques de la tabla periódica de los elementos, tal y como se puede ver en la figura 3. En general, esta regla de llenado de los electrones en los orbitales de los elementos se respeta, aunque también existen excepciones cuando aumenta el número atómico, como, por ejemplo, en el caso del gadolinio.

Aunque la configuración electrónica permite explicar las propiedades químicas de los elementos, no es crucial para el objetivo principal de este libro. Como veremos en el siguiente capítulo, la creación de los diferentes elementos está relacionada con las reacciones entre los núcleos atómicos, en las que los electrones no tienen un papel relevante.

## Las abundancias de los elementos

Tomando como ejemplo la diferencia entre la gran abundancia de carbono o de oxígeno y la escasez de oro en la Tierra, es evidente que los elementos químicos no están presentes en la naturaleza en la misma cantidad. De hecho, poco más de 90 elementos de los 118 conocidos pueden encontrarse de manera natural, mientras que el resto, en general los más pesados e inestables, se han creado artificialmente en los laboratorios.

FIGURA **4**
**Los principales elementos que forman la Tierra y un ser humano, ordenados por su porcentaje en masa.**

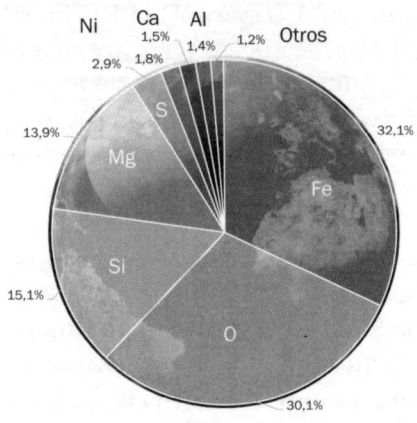

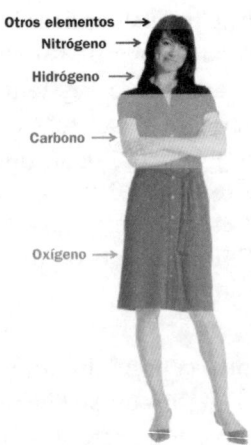

| Elemento | Porcentaje (%) |
|---|---|
| O | 65 |
| C | 18 |
| H | 10 |
| N | 3 |
| Ca | 1,5 |
| P | 1,2 |
| K | 0,2 |
| S | 0,2 |
| Cl | 0,2 |
| Na | 0,1 |
| Mg | 0,1 |
| Otros: B, Cr, Co, Cu, F, I, Fe, Mn, Mo, Se, Si, Sn, V, Zn | < 1 |

Es útil definir la abundancia de cada elemento como la cantidad que existe en comparación con la de otro, que tomamos como referencia. El valor de esta abundancia, que puede variar mucho según el medio que consideremos, suele ofrecerse de dos maneras: en función del número relativo de átomos o de la fracción en masa de cada elemento.

Consideremos primero las abundancias de los elementos en nuestro planeta. La masa de la Tierra está constituida en más de un 60% por hierro y oxígeno, ambos casi en la misma proporción (figura 4). El primero domina en la capa más interna, el núcleo terrestre, mientras que el oxígeno está presente en gran parte de los minerales formando óxidos. Casi la mitad de la masa de la capa más cercana a la superficie, la corteza terrestre, corresponde al oxígeno. Por otra parte, para la existencia de los seres vivos, tal y como los conocemos en la Tierra, son necesarios cuatro elementos esenciales que podemos recordar fácilmente por el acrónimo formado por sus símbolos: CHON (carbono, hidrógeno, oxígeno y nitrógeno). Sus átomos son la base que forma todos los organismos y les permite realizar sus funciones.

En cambio, en el universo en su conjunto reinan el hidrógeno y el helio, justo los dos elementos más ligeros. Lo sabemos por diversas observaciones, sobre todo de nuestro sistema solar, que son representativas de las abundancias en todo el cosmos. Además de las mediciones del espectro de la luz que nos llega del Sol, son especialmente relevantes los datos de la composición de meteoritos primitivos, ya que contienen mucha información sobre las abundancias de elementos pesados en la fase de formación del sistema solar. En las figuras 5 y 6 resumimos los principales datos sobre las abundancias de los elementos. Lo más destacable es observar que solo con hidrógeno y helio ya tenemos el 98% de la masa total, y que basta añadir la correspondiente a otros 13 elementos para sumar más del 99,99%.

**FIGURA 5**

Versión de la tabla periódica donde se destacan los 15 elementos más abundantes en el universo. La abundancia relativa en masa de cada uno se indica en partes por 10 000 (por ejemplo, un valor de 100 corresponde al 1%). La suma de la contribución del resto de elementos es, en esta escala, menor de una unidad.

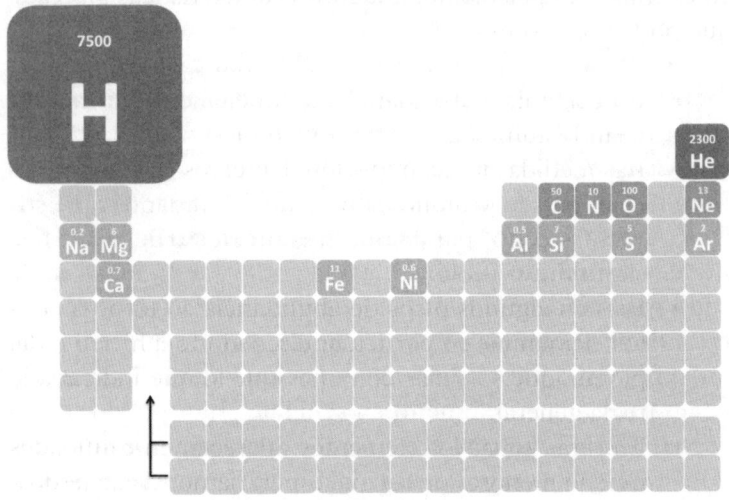

**FIGURA 6**

Abundancias relativas de los elementos en masa en el sistema solar. Se muestran en función del número atómico de cada elemento y en escala logarítmica. El valor de la abundancia del silicio (Si) se fija, por convención, en $10^6$.

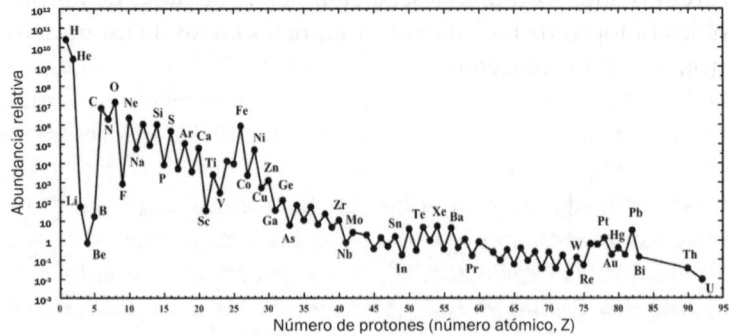

Las abundancias relativas de todos los elementos presentes en la naturaleza, desde el hidrógeno al uranio, se muestran en la figura 6. Es evidente que existen diferencias gigantescas en los valores de las abundancias, que apuntan claramente a que los elementos son creados de distintas formas. Además, en el gráfico es posible notar algunas características globales, que podemos resumir así:

- En general, la abundancia de un elemento disminuye cuando aumenta su número atómico.
- Las medidas indican que los elementos con un número impar de protones son menos abundantes que sus vecinos con Z par, lo que crea un efecto de dientes de sierra muy visible.
- Existen algunos picos de abundancia en torno a ciertos elementos, en particular alrededor del hierro o del plomo, que son más comunes que lo que indicaría la regla general.
- En otras zonas los elementos aparecen en cantidades mucho menores de las que esperaríamos de acuerdo a la regla general, siendo especialmente notable el conjunto formado por el litio, el berilio y el boro.

El objetivo del resto de este libro es mostrar qué procesos de nucleosíntesis pueden explicar estas características. Comenzaremos antes con una descripción detallada tanto de los posibles isótopos de los elementos químicos como de los núcleos atómicos y sus reacciones.

# CAPÍTULO 2

# Procesos nucleares: conversión de un elemento en otro

El núcleo atómico, donde se concentra toda la carga positiva y casi toda la masa del átomo, fija el tipo de elemento químico al que pertenece. Conocemos unos 300 núcleos estables diferentes, otros 3000 inestables, y todavía nos faltan alrededor de 4000 por observar. Cada núcleo posee una combinación distinta de protones y neutrones que puede cambiar, en el camino hacia la estabilidad, dando lugar a varios tipos de desintegración nuclear. Los núcleos pueden interaccionar con otros, a veces cambiando su proporción entre neutrones y protones y, por tanto, su identidad. Los elementos se crean y se destruyen en los procesos que denominamos reacciones y desintegraciones nucleares.

Estos procesos de transformación nuclear están determinados por las fuerzas fundamentales que actúan en el interior del núcleo: la interacción nuclear fuerte permite mantener unidos a protones y neutrones, la repulsión electrostática entre los protones se opone a la primera y favorece la inestabilidad y la rotura del núcleo, y la interacción nuclear débil es responsable de la mayor parte de los procesos de desintegración radiactiva. La estabilidad de un núcleo depende del equilibrio entre estas fuerzas fundamentales, que depende de la proporción entre protones y neutrones en el núcleo. Para describir y predecir la estabilidad de los núcleos y sus propiedades, se han desarrollado modelos teóricos del núcleo atómico que explican su estructura y comportamiento. Este capítulo explorará los conceptos clave de la estabilidad nuclear, las diversas formas de desintegración radiactiva, las reacciones nucleares y los modelos que han revolucionado nuestra comprensión de estas entidades microscópicas.

Aunque a principios del siglo XX ya contábamos con una tabla periódica en la que se clasificaban los diferentes elementos y se organizaban según su reactividad química, la idea que se tenía sobre la estructura del átomo era muy diferente de la actual. Los descubrimientos de los electrones, de la radiactividad y, sobre todo, del tamaño del núcleo gracias a los experimentos de Rutherford y colaboradores revelaron una inesperada estructura y organización del átomo, que resultó no ser indivisible, sino compuesto por un núcleo diminuto y denso y por un conjunto de electrones que compensan la carga del núcleo y orbitan alrededor de este. Incluso sin ser indivisible, el átomo seguía siendo algo muy pequeño, pero el núcleo resultó ser unas 100 000 veces más pequeño. El metro y sus subdivisiones más conocidas son por tanto demasiado grandes para ser empleadas cuando hablamos de los átomos y sus núcleos. En su lugar utilizamos los submúltiplos del Sistema Internacional de Unidades: el picómetro (pm, una billonésima de metro o $10^{-12}$ m) y el femtómetro (fm, una milbillonésima de metro o $10^{-15}$ m). En la física atómica y nuclear también se emplean dos unidades habituales: el ángstrom (Å, una diezmilmillonésima de metro o $10^{-10}$ m) y el fermi, que es simplemente un modo abreviado de referirse al femtómetro. Estos dos nombres se utilizan en honor a dos físicos destacados: el sueco Anders Jonas Ångström (1814-1874) y el italoamericano Enrico Fermi (1901-1954).

El tamaño de un átomo es un concepto que carece de una definición precisa, debido a la falta de un límite bien determinado. Podemos, por ejemplo, considerar la esfera que posee un radio definido por el máximo del último orbital atómico donde pueden estar los electrones. En general, los radios de los átomos aislados varían aproximadamente entre 0,3 y 3 Å. A medida que aumenta el número atómico, el tamaño de los átomos también tiende a crecer, aunque no de manera lineal. Dentro de un mismo periodo de la tabla periódica, según nos movemos hacia la derecha los electrones van llenando los orbitales atómicos y, sin embargo, el radio atómico va disminuyendo debido al incremento en la carga eléctrica nuclear, que a su vez aumenta la fuerza de atracción entre el núcleo y los electrones. Así, los gases nobles tienen el menor radio atómico de cada fila. Por el contrario, en el caso de los elementos de una misma columna de la tabla, según nos movemos hacia abajo el radio atómico aumenta al aparecer nuevos orbitales y, en parte, por culpa de la repulsión electromagnética de los electrones más interiores.

**Figura 7**
**Estructura de la materia, desde la escala macroscópica a los constituyentes del átomo.**

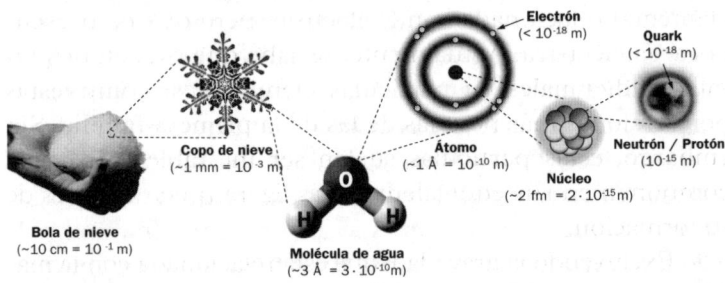

El núcleo atómico concentra toda la carga eléctrica positiva y casi toda su masa, pero en una escala de diez a cien mil veces menor (en diámetro). Está formado por nucleones, que es el nombre común de dos tipos de partículas: los protones y los neutrones. Los primeros tienen carga eléctrica, idéntica a la de los electrones pero positiva, mientras que los neutrones carecen de ella. El tamaño nuclear puede estimarse gracias a experimentos donde se bombardean núcleos con electrones acelerados y se mide cómo se dispersan. Los resultados muestran que el radio de un núcleo, considerado una esfera, crece como si correspondiera, de manera aproximada, al volumen que ocupan sus nucleones. Como tanto protones como neutrones tienen un tamaño de más o menos 1 fm, los núcleos de los elementos miden entre uno y varios fermis.

Hoy en día se sabe que los nucleones no son partículas elementales. Tanto el protón como el neutrón se componen de tres entidades más pequeñas conocidas como quarks. Estos quarks, denominados arriba o *up* (u) y abajo o *down* (d), poseen cargas fraccionarias relativas a la de un electrón. Esa fracción es de 1/3 para el quark abajo, que tiene carga negativa, mientras que el quark arriba presenta una carga eléctrica positiva con valor 2/3 de la del electrón. Los nucleones se componen de combinaciones de tres quarks: uud para el protón y udd para el neutrón. Junto con el electrón, estos quarks constituyen la primera familia de partículas elementales, capaces de formar todos los elementos químicos y, por tanto, la materia ordinaria. El último miembro de esta familia es el neutrino, otra partícula elemental relacionada con el electrón, pero que no presenta carga eléctrica. Actualmente, se sabe que existen dos familias adicionales de partículas elementales, compuestas por versiones más pesadas de las de la primera familia. Sin embargo, estas partículas suelen ser inestables y se descomponen en sus equivalentes más ligeras poco después de su formación.

Excluyendo la gravedad, que está relacionada con la masa y en gran medida es insignificante a nivel subatómico, cada partícula posee un conjunto de cargas que dictan sus interacciones a través de otras fuerzas fundamentales. Por ejemplo, las partículas que poseen una carga eléctrica distinta de cero responden a la fuerza electromagnética. A la escala de los núcleos atómicos, dos fuerzas adicionales cobran relevancia: la fuerza nuclear fuerte y la fuerza nuclear débil. Las cargas asociadas a este tipo de interacciones son el color y el sabor, respectivamente (las llamamos así, pero obviamente no tienen nada que ver con el color y el sabor que percibimos con nuestros sentidos, sino que son magnitudes físicas que surgen de la teoría cuántica de campos). Los neutrinos sienten únicamente la fuerza nuclear débil, porque no tienen carga eléctrica ni color, únicamente sabor. La fuerza débil es, como su nombre indica, la más débil del trío de interacciones relevantes a esta escala, lo que explica que sea tan difícil detectar neutrinos. También los quarks y los electrones (y sus partículas hermanas pesadas) sienten la fuerza débil, pero únicamente los quarks interaccionan mediante la nuclear fuerte (tienen color).

Por otra parte, cada partícula elemental tiene su antipartícula, de masa idéntica, pero con todas sus cargas opuestas. En el caso del electrón, encontramos el antielectrón o positrón ($e^+$), que presenta la misma masa que el electrón, pero tiene carga eléctrica positiva. La materia formada por antipartículas se llama antimateria y no abunda en nuestro entorno, cuando partícula y antipartícula se encuentran inmediatamente se aniquilan entre sí y desaparecen produciendo energía.

## Núcleos e isótopos de los elementos

Un núcleo atómico queda definido por su número de protones y neutrones. A la suma total de protones y neutrones que lo forman le llamamos número másico (A). Por otra parte, ya hemos visto que el núcleo de cualquier átomo de un elemento químico dado presenta el mismo número de protones o número atómico (Z). De esta manera, la composición de un núcleo, también llamado nucleido, queda definida por los valores de sus números atómico y másico. Se representa con $^A$X, donde X es el símbolo del elemento correspondiente. A veces se resalta el número atómico al añadirlo como subíndice ($^A_Z$X), pero en principio es innecesario porque su valor se conoce a través del nombre del elemento. Por ejemplo, el $^{14}$N o nitrógeno-14 tiene 7 neutrones y 7 protones (el número atómico del nitrógeno), mientras que el $^{200}$Hg o mercurio-200 tiene nada menos que 80 protones y 120 neutrones.

Como ya hemos dicho, el número de protones del núcleo determina el elemento al que pertenece el átomo. Diferentes núcleos de un mismo elemento químico tendrán, por tanto, el mismo número de protones Z, pero pueden estar formados por un número distinto de neutrones, $N = A - Z$. Se llama isótopo a cada uno de los núcleos que tienen el mismo $Z$ pero diferente $N$. Cada elemento puede presentar uno o varios isótopos estables y, en general, otros inestables, aunque los elementos muy pesados, como el plutonio o el californio, no tienen ningún isótopo estable y todos sus núcleos se desintegran con mayor o menor rapidez. Por ejemplo, casi todos los átomos del hidrógeno corresponden al isótopo $^1H$ (protio) pero hay un segundo isótopo estable llamado deuterio ($^2H$), solo unos 15 de cada 10 000 átomos de hidrógeno, y existe otro inestable denominado tritio ($^3H$). Estos tres isótopos de hidrógeno tienen distinto número de neutrones, pero todos tienen un único protón, porque de otra manera no serían hidrógeno. En cambio, en la naturaleza existen tres isótopos estables de oxígeno, todos con ocho protones, pero distinto número de neutrones: 8 ($^{16}O$), 9 ($^{17}O$) y 10 ($^{18}O$).

Cuando un elemento tiene dos o más isótopos estables, su abundancia natural se encuentra repartida entre los diferentes isótopos (figura 8). En este caso, uno de los isótopos suele ser más abundante que el resto, pero hay elementos con dos o varios isótopos estables que forman una fracción considerable del total. Por ejemplo, en la naturaleza el europio se divide, casi a la mitad, entre los isótopos $^{151}Eu$ y $^{153}Eu$.

Una veintena de elementos solo tienen un isótopo estable, como por ejemplo el sodio ($^{23}Na$) o el yodo ($^{127}I$), y se llaman monoisotópicos. Es lo habitual para elementos con número atómico impar, aunque también pueden tener dos isótopos estables, como ocurre con el cloro ($^{35}Cl$ y $^{37}Cl$). Por el contrario, los elementos con un valor par de $Z$ tienen al menos tres isótopos estables, con muy pocas excepciones como el helio ($^3He$ y $^4He$), el berilio ($^9Be$) y el carbono ($^{12}C$ y $^{13}C$). El estaño puede presumir de ser el elemento con más isótopos estables (10), mientras que el plomo presenta el núcleo estable más pesado: el plomo-208, que posee 82 protones y 126 neutrones.

Figura 8

# Tabla periódica de los elementos y sus isótopos. En cada caso, se indica el número de isótopos estables y su proporción correspondiente.

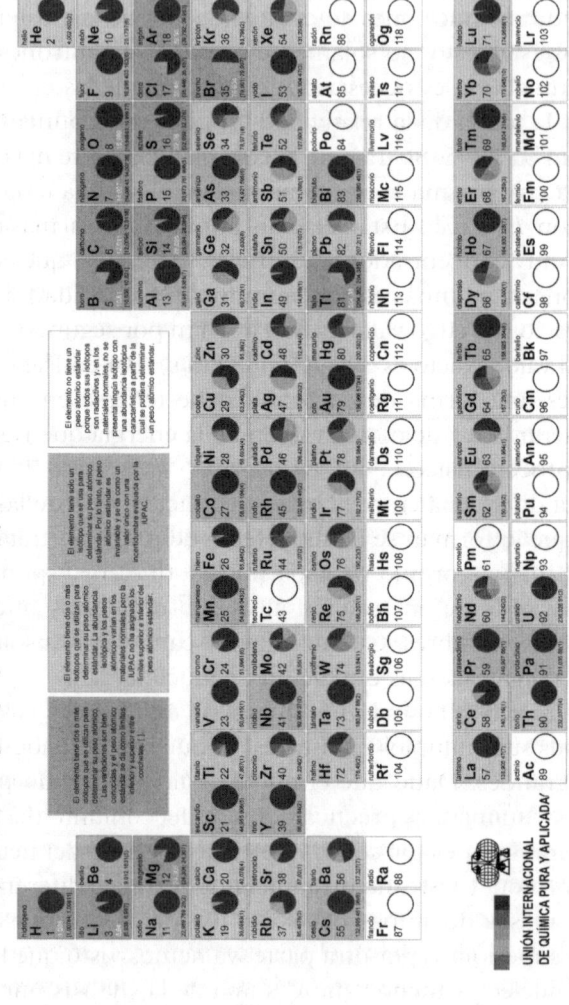

Llegados aquí, cabe preguntarnos: ¿cuál es la masa de un núcleo atómico? Podríamos pensar que, simplemente, debería ser la suma de las masas de las partículas que lo forman, es decir, todos sus nucleones. Sin embargo, sabemos que la masa de cualquier núcleo siempre es menor que la suma de las masas de sus nucleones, lo cual da cuenta de la existencia de núcleos estables, y no solamente protones y neutrones libres. Para entenderlo es necesario recordar una de las consecuencias de la teoría de la relatividad especial que enunció Albert Einstein en 1905. Se trata de la equivalencia entre masa ($m$) y energía ($E$), plasmada en forma matemática en la famosísima ecuación $E = mc^2$. Esta relación implica que la masa es un modo muy concentrado de acumular energía, ya que el factor que conecta a ambas es el cuadrado de la velocidad de la luz en el vacío ($c$), cuyo valor es 300 000 km por segundo (en realidad el valor exacto es 299 792,458 km/s). Por consiguiente, la masa es una forma de energía y debe tenerse en cuenta al considerar la ley de conservación de la energía que rige cualquier proceso físico.

La diferencia entre la masa del núcleo y las de las partículas que lo forman se llama defecto de masa. Se trata de un valor negativo, propio de cada núcleo, que corresponde a la energía sobrante en relación al estado donde los nucleones son partículas libres. Cuanto mayor sea el valor absoluto del defecto de masa, más estable será el núcleo.

Para medir las masas atómicas no empleamos el kilogramo y sus submúltiplos habituales, ya que son unidades demasiado grandes. Dado que el núcleo está constituido por nucleones y su masa es prácticamente la del conjunto del átomo, lo natural sería elegir como referencia la masa del neutrón o la del protón. Existe, no obstante, una pequeña diferencia entre las masas de ambas partículas (la del neutrón es ligeramente superior) y, por otra parte, ya hemos visto que la masa de un núcleo es menor que la suma de las de sus nucleones. En 1961 se definió la unidad de masa atómica ($u$), también llamada dalton (Da), como la masa media de un nucleón del carbono-12. Es decir, se define $1\ u = M(^{12}C)/12$, donde

$M(^{12}C)$ es la masa atómica de ese isótopo del carbono. Los valores de las masas atómicas del resto de isótopos se expresan en esta unidad, siendo siempre muy cercanos al número de nucleones. Por ejemplo, las masas atómicas de los dos isótopos estables del cobre y sus abundancias naturales son:

| ISÓTOPO | MASA ATÓMICA ($u$) | ABUNDANCIA RELATIVA |
|---------|--------------------|---------------------|
| $^{63}Cu$ | 62,9296 | 69,15% |
| $^{65}Cu$ | 64,9278 | 30,85% |

Con estos datos puede calcularse el peso atómico del cobre: 63,546 $u$.

A partir de la ecuación de Einstein ($E = mc^2$), también podemos usar otras unidades más adecuadas para las masas y las energías de los procesos nucleares. Así, es habitual utilizar el megaelectronvoltio (MeV), igual a un millón de electronvoltios (1 eV es la energía que adquiere un electrón al ser acelerado por una diferencia de potencial eléctrico de un voltio). Estos son los valores correspondientes de la unidad de masa atómica y de las masas de los nucleones:

$$1\ u = 931,494\ \text{MeV}/c^2$$
$$m\ (\text{protón}) = m_p = 938,272\ \text{MeV}/c^2 = 1,007276\ u$$
$$m\ (\text{neutrón}) = m_n = 939,565\ \text{MeV}/c^2 = 1,008665\ u$$

Una vez tenemos la medida de la masa atómica de cada isótopo, M (Z, N), podemos definir su energía de ligadura o enlace nuclear como:

$$E_L\ (Z, N) = [ZM\ (^1H) + Nm_n - M(Z, N)]c^2$$

donde $M(^1H)$ es la masa atómica del isótopo más sencillo del hidrógeno.

La energía de ligadura es la que necesitaríamos para separar el núcleo en sus nucleones correspondientes, y resulta ser un parámetro fundamental para caracterizar la estabilidad del núcleo. Dado que la energía de ligadura aumenta de manera más o menos lineal con el número másico del núcleo, es muy ilustrativo representar su valor medio por nucleón ($E_L/A$), mostrado en la figura 9.

Figura 9

**Energía de ligadura dividida por el número de nucleones de los isótopos conocidos.**

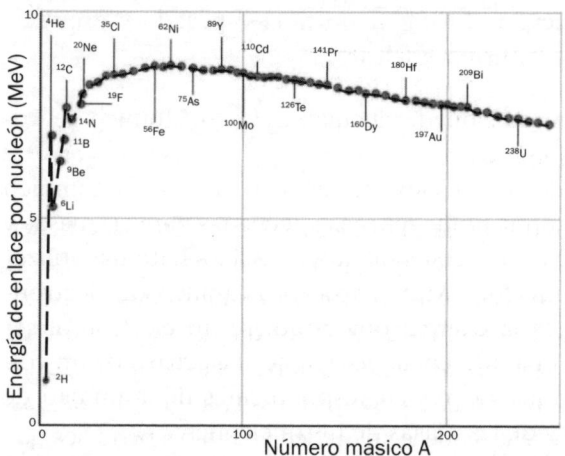

Podemos destacar varias características muy interesantes del gráfico. En primer lugar, que la energía de ligadura por nucleón es relativamente constante, excepto para núcleos muy ligeros, y aproximadamente igual a 8 MeV. Esto nos indica que a la escala del núcleo la interacción nuclear fuerte, que mantiene unidos a los nucleones, es de corto alcance y mucho más intensa que la fuerza de repulsión electromagnética entre protones.

Por otro lado, el valor de $E_L/A$ crece rápidamente para los núcleos más ligeros, con picos en isótopos como $^{12}C$, $^{16}O$ y, sobre todo, $^{4}He$. Es decir, estos núcleos son más estables que sus vecinos. El máximo de la estabilidad nuclear se alcanza en la región en torno a un número másico $A = 60$, alrededor del hierro y los elementos contiguos como el níquel (el núcleo más estable de todos es el $^{62}Ni$). Para un número másico mayor, en cambio, la energía de ligadura por nucleón baja ligeramente hasta tener valores un 10% menores del máximo en la zona del uranio.

Al ascender por la curva de $E_L/A$, los isótopos son más estables, por lo que se libera energía nuclear. Para ello existen dos posibilidades: o bien lo hacemos desde valores del número másico inferiores a 60, a través de la unión de núcleos ligeros para formar uno más pesado (fusión nuclear), o, por el contrario, consideramos núcleos con A > 60, cuando es posible obtener energía al romper un núcleo pesado y producir otros más ligeros (fisión nuclear).

## Estabilidad nuclear

Podemos encontrar en la naturaleza 80 elementos que tienen isótopos estables, es decir, que nunca se ha observado que se desintegren de manera espontánea. El número total de isótopos estables es de algo más de 250, así que la mayor parte de estos elementos tienen más de un isótopo estable. Entre ellos, el elemento con mayor número atómico es el plomo (Z = 82), así que hay dos elementos que le anteceden en la tabla periódica que no poseen isótopos estables. Los elementos correspondientes, el tecnecio (Z = 43) y el prometio (Z = 61), se observaron por primera vez en laboratorios entre 1936 y 1947.

No existen núcleos estables con más de 82 protones, así que los elementos con mayor número atómico son radiactivos. En la mayor parte de los casos, y en especial para valores de Z muy grandes, los núcleos se desintegran rápidamente, en una fracción de segundo. Pero sí hay isótopos que viven mucho tiempo, como en el caso del uranio-238 (de media, unos 4500 millones de años). Hasta el año 2003, se pensaba que el bismuto (Z = 83) tenía un isótopo estable ($^{209}$Bi). Ahora sabemos que no es así, pero su vida media ($1,9 \times 10^{19}$ años) supera en mil millones de veces la edad del universo. Es muy posible que sea también el caso de otros núcleos pesados ahora considerados completamente estables, aunque tengan vidas medias muy elevadas.

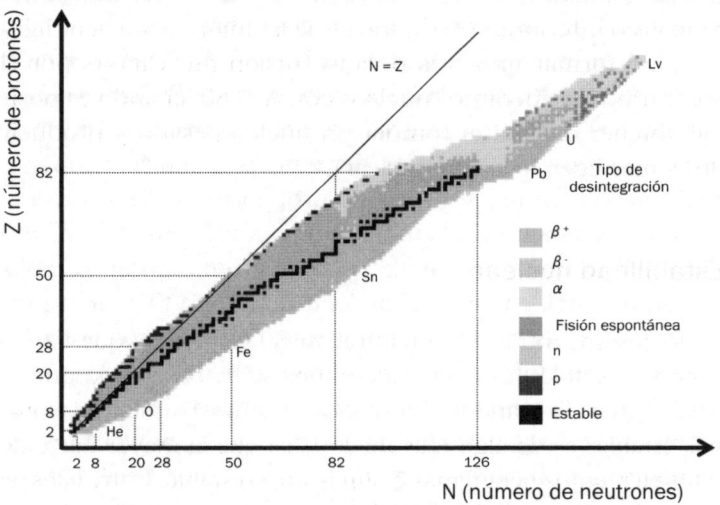

FIGURA 10

Carta de los núcleos conocidos en función de su número de protones y neutrones. Cada núcleo, representado por un cuadrado, presenta una combinación de valores de N y Z. Los núcleos estables son solo una pequeña parte del total.

Además de los núcleos estables, hoy en día se han observado cerca de 3000 núcleos radiactivos, creados y estudiados por los físicos nucleares, y se estima que deben existir otros 4000 nucleidos distintos, muchos de ellos de vida efímera. Cada núcleo posee una combinación diferente de neutrones y protones, por lo que todos los isótopos conocidos pueden mostrarse en un gráfico conocido como carta de los núcleos, que se muestra en la figura 10. De forma similar a las cartas de navegación, este gráfico nos indica cómo el viaje a través de ciertas combinaciones de protones y neutrones da lugar a núcleos estables, mientras que otras direcciones en el mapa nos llevan a núcleos radiactivos.

En la carta de los núcleos encontramos todos los conocidos, tanto estables como radiactivos, dispuestos en filas con el mismo número de protones (mismo número atómico) y columnas con igual cantidad de neutrones. De alguna manera, este gráfico es una supertabla periódica que contiene información muy útil para los físicos nucleares acerca de los núcleos atómicos y su estabilidad. En la figura 10, los núcleos estables se representan con cuadrados negros, mientras que el resto corresponde a los nucleidos radiactivos, según el tipo de desintegración. En otras versiones de la carta de los núcleos puede aparecer otro tipo de información como, por ejemplo, la vida media de cada uno de los núcleos radiactivos.

Los diferentes isótopos de cada elemento aparecen en la correspondiente fila de la carta de los núcleos. Podemos observar cómo el conjunto de núcleos estables forma una especie de arco, que para valores bajos del número atómico tienden a presentar el mismo número de protones que de neutrones ($Z = N$). En cambio, al aumentar el número atómico los núcleos suelen tener más neutrones que protones. Por ejemplo, el isótopo estable más común del neón ($^{20}$Ne) tiene diez protones y diez neutrones, mientras que, como hemos visto, los nucleones que forman el plomo-208 son neutrones en más de un 60%. El incremento del número atómico conlleva un aumento de la carga eléctrica nuclear, así que el mayor número de neutrones proporciona al núcleo la cohesión necesaria para superar la repulsión entre los protones.

FIGURA 11

Ampliación de la carta de los núcleos en la región de 46 a 60 neutrones y de 35 a 42 protones. En los núcleos no estables se indica el valor de su vida media.

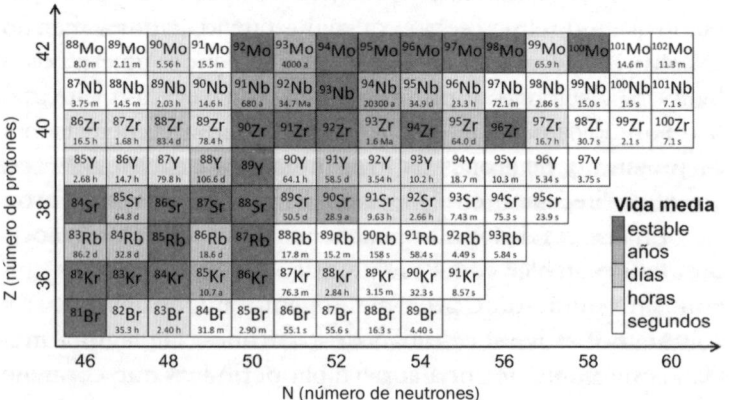

A la región de la carta de nucleidos donde se encuentran los núcleos no radiactivos se le llama valle de la estabilidad. En la figura 11 mostramos una ampliación de la carta, centrada en una pequeña región en el entorno del único isótopo estable del itrio ($^{89}$Y), donde se ve claramente cómo los núcleos son menos estables conforme nos alejamos del valle, precisamente hacia la región donde van a acabar las cadenas de desintegración radiactiva.

En la carta de los núcleos de la figura 10 podemos ver qué combinaciones de neutrones y protones son inestables, pero no nos indica cuánto. La manera cuantitativa de medir la estabilidad es con la energía de ligadura por nucleón de cada isótopo, que tiene los valores máximos en la región del valle de la estabilidad cercana al hierro y sus elementos vecinos. Si imaginamos una versión tridimensional de la carta de núcleos, donde la elevación fuera proporcional a su estabilidad, la región de nucleidos estables formaría una cadena montañosa con alturas máximas en la zona del hierro.

## Desintegraciones radiactivas y reacciones nucleares

Un núcleo atómico, como cualquier otro sistema físico, busca situarse en el estado de menor energía posible. En ciertos núcleos, este principio conduce a su inestabilidad, de tal manera que sufre un proceso de desintegración dando lugar a uno o varios núcleos hijos y distintos tipos de partículas elementales. Este proceso físico es la radiactividad, descubierta por Henri Becquerel en 1896. Otros investigadores, como Ernest Rutherford y el equipo formado por Marie y Pierre Curie, describieron los diversos tipos de procesos de desintegración en los primeros años del siglo XX.

En un proceso radiactivo, un núcleo pierde una pequeña cantidad de masa al pasar a un estado más estable. La cantidad equivalente de energía sirve para crear las partículas salientes y proporcionarles energía cinética, o bien se emite en forma de radiación electromagnética. En la figura 12 se muestran ejemplos de los principales modos de desintegración radiactiva de un núcleo, que son los siguientes:

*Desintegración alfa* ($\alpha$): se produce un núcleo de $^4$He, llamado también partícula $\alpha$ (aunque no sea elemental) junto a un núcleo más ligero. Es la habitual en los núcleos pesados con un exceso de nucleones.

*Desintegración beta negativa* ($\beta^-$): da lugar a un núcleo con el mismo número másico que el original, pero donde un neutrón se ha transformado en protón, además de dos partículas elementales diferentes (un electrón y un antineutrino). Es la desintegración típica de núcleos con demasiados neutrones, y también un neutrón aislado (que no forma parte de un núcleo atómico) la sufrirá después de unos minutos.

*Desintegración beta positiva* ($\beta^+$): similar a la anterior, pero aquí un protón pasa a ser un neutrón en el núcleo y se emiten otras dos partículas (un positrón y un neutrino). Típica de núcleos con exceso de protones. Existe un proceso alternativo, llamado captura electrónica, donde uno de los protones del núcleo puede capturar un electrón, normalmente de un orbital interno del átomo, y dar lugar a un neutrón y un neutrino.

*Desintegración gamma* ($\gamma$): sucede cuando el núcleo original, en un estado excitado, pasa al estado fundamental de energía y emite radiación electromagnética (un fotón). En este caso, se produce una reorganización de los protones y neutrones en el núcleo, pero sin modificar su número ni cambiar el elemento. Es por esto que a veces nos referimos a este proceso como desexcitación en lugar de desintegración. Típicamente se produce después de un proceso de desintegración alfa o beta.

*Fisión espontánea*: se produce en núcleos muy pesados, al romperse dando lugar a varios núcleos más ligeros, sin que sea necesario aportar energía externa.

**FIGURA 12**

**Ejemplos de los principales modos de desintegración radiactiva de un núcleo.**

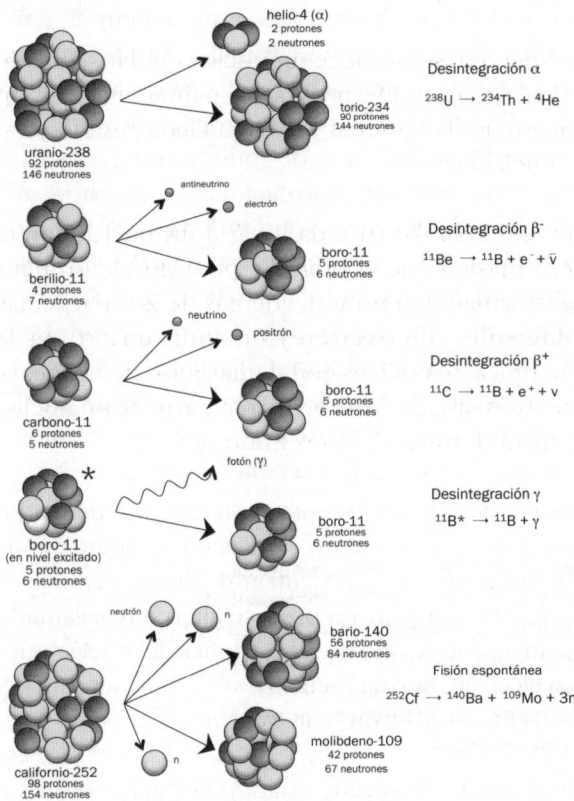

En muchos núcleos inestables se producen dos o más procesos radiactivos en cascada, separados por un tiempo breve. Por ejemplo, como consecuencia de un proceso alfa o beta puede originarse un núcleo en un estado de energía no fundamental que se desexcita casi inmediatamente (entre $10^{-12}$ y $10^{-16}$ segundos después). Existen otros modos de desintegración de un núcleo menos habituales, entre los que podemos encontrar la emisión espontánea de un nucleón. Es un proceso que puede suceder si el núcleo tiene un gran exceso de protones o neutrones, y es típico de los nucleidos que están más alejados del valle de la estabilidad, en la frontera de la carta de núcleos conocidos.

Solo hay un caso (el proceso gamma) donde la desintegración de un núcleo no modifica su configuración de neutrones y protones. En el resto de ocasiones, el proceso hace que el núcleo se mueva en la carta de los nucleidos, tal y como se muestra en la figura 13. Si, a su vez, el núcleo producido tampoco es estable, sufrirá otra desintegración radiactiva. Cuando existe una serie de transformaciones de este tipo, obtenemos una cadena de desintegración que da lugar a múltiples isótopos hasta llegar a un núcleo estable. Por ejemplo, uno de los isótopos del uranio presente en la naturaleza ($^{238}$U) comienza una cadena radiactiva que finaliza en el plomo-206 tras pasar por otros 13 núcleos intermedios. Podemos ver que entre el núcleo original y el final hay una diferencia de 32 nucleones (10 protones y 22 neutrones), que se consigue a través de 8 desintegraciones alfa y 6 beta negativas.

FIGURA **13**
**Posibles desplazamientos en la carta de núcleos, dependiendo del proceso. En negro se representan los distintos procesos de desintegración: radiactividad de tipo alfa o beta (tanto positiva como negativa), o bien la emisión de un protón o un neutrón. Los procesos de captura de neutrones y protones se indican con flechas grises.**

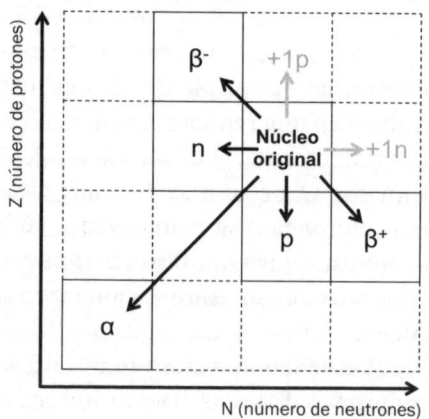

**44**

Los procesos de desintegración radiactiva que acabamos de describir son muy diferentes entre sí, tanto por el tipo de cambio que producen en el núcleo como por las partículas que emiten o por la probabilidad de que ocurran. Estas diferencias están relacionadas con la fuerza fundamental que origina la desintegración. Los procesos gamma y beta son debidos a la fuerza electromagnética y la fuerza nuclear débil, respectivamente. En cambio, cuando la repulsión electromagnética consigue vencer a la cohesión entre nucleones fruto de la interacción nuclear fuerte, sucederá una desintegración alfa o un proceso de fisión espontánea.

Además de las desintegraciones radiactivas, un caso particular de proceso nuclear donde solo hay un núcleo inicial (e inestable), podemos considerar de manera general las reacciones entre varios núcleos atómicos. Para escribirlas, utilizaremos una forma similar a la de una reacción química, pero con características particulares. Por ejemplo, en una reacción nuclear podemos encontrar partículas elementales (como un electrón o un neutrino) y los núcleos en el estado final pueden ser de elementos diferentes a los iniciales.

Repasemos ahora las leyes de conservación que deben cumplirse en cualquier reacción nuclear. Entre otras cantidades, se preserva el valor de la energía total (incluyendo siempre la masa como forma de energía), la carga eléctrica y la cantidad total de nucleones (el número másico, A). Por ejemplo, en la reacción entre núcleos $^{A_1}X + {}^{A_2}Y \rightarrow {}^{A_3}A + {}^{A_4}B$, se cumple la condición $A_1 + A_2 = A_3 + A_4$. Por otra parte, considerando los núcleos presentes en los estados inicial y final, puede calcularse la cantidad de energía que se libera en una reacción nuclear o que se necesita para producirla. Simplemente, se calcula la diferencia entre las energías de las masas: $Q = [(m_1 + m_2) - (m_3 + m_4)] c^2$. Una reacción nuclear es exotérmica si $Q$ es mayor que cero y libera energía, mientras que un valor $Q < 0$ implica que el proceso es endotérmico y necesitará de una aportación externa de energía para que suceda.

Entre las reacciones nucleares más relevantes para la síntesis de los elementos en las estrellas, como veremos más adelante, se encuentra la captura de neutrones. En este proceso un núcleo atrapa un neutrón, pasando a aumentar su número másico en una unidad, pero sin cambiar de elemento puesto que no varía el número de protones. La captura de un neutrón supondría un desplazamiento de una casilla hacia la derecha en la carta de los núcleos. También se puede dar la captura de protones, en la que un núcleo atrapa un protón al colisionar con él. Como antes, el núcleo aumenta su número másico en una unidad, pero ahora también crece su número atómico, cambiando por tanto de elemento (al que le sigue en la tabla periódica). En este caso, el núcleo se mueve hacia arriba en la carta. Los dos procesos de captura están representados con flechas grises en la figura 13. Veamos dos ejemplos de reacciones de captura:

$$^{86}Sr + n \rightarrow \, ^{87}Sr + \gamma$$
$$^{63}Ga + p \rightarrow \, ^{64}Ge + \gamma$$

Una reacción nuclear donde un núcleo se fragmenta en otros más pequeños es una fisión nuclear. Lo habitual es que ocurra en núcleos muy masivos, cuando el proceso es exotérmico (figura 9) y da lugar a una cantidad elevada de energía. Es el tipo de reacción que se usa en la producción de energía eléctrica en los reactores nucleares comerciales, donde el combustible fisible de uranio se bombardea con neutrones, por ejemplo:

$$n + \, ^{235}U \rightarrow \, ^{93}Rb + \, ^{141}Cs + 2n$$

En esta reacción, los núcleos más ligeros que se producen pueden ser de otros elementos distintos del rubidio y el cesio. Los neutrones emitidos, tras reducirse su energía, pueden romper nuevos núcleos de uranio y continuar la reacción en cadena controlada.

El caso opuesto a la fisión es una reacción donde dos núcleos, en general ligeros, se encuentran lo bastante próximos como para unirse y formar otro más pesado. Este proceso se llama fusión nuclear y sucede en el interior de las estrellas.

Como veremos, la fusión es la manera habitual de crear núcleos de nuevos elementos químicos. Como su nombre indica, se trata de la unión de todos los nucleones, tanto protones como neutrones, de dos núcleos diferentes para formar un único núcleo final y, en ocasiones, emitir una o varias partículas. Por tanto, la fusión produce elementos completamente diferentes de los originales. Algunos ejemplos de reacciones de fusión nuclear son:

$$^{22}\text{Ne} + {}^{4}\text{He} \rightarrow {}^{25}\text{Mg} + n$$
$$^{32}\text{S} + {}^{4}\text{He} \rightarrow {}^{36}\text{Ar} + \gamma$$

## Modelos del núcleo atómico

Uno de los principales objetivos de la física nuclear es explicar las propiedades de los núcleos atómicos mediante modelos matemáticos que describan su estructura y comportamiento. Pero los núcleos son sistemas físicos muy complejos, compuestos por varios o muchos nucleones que interactúan entre sí. Por lo tanto, resolver este problema requiere ecuaciones de la mecánica cuántica que consideren tanto la interacción nuclear fuerte, que actúa sobre protones y neutrones, como la repulsión electrostática entre protones, e incluso la interacción débil, que es responsable de la desintegración beta. Estas ecuaciones de muchos cuerpos son difíciles de resolver y ninguno de los modelos nucleares existentes es capaz de explicar completamente los datos experimentales sobre la estructura de los núcleos. A pesar de esto, existen aproximaciones que permiten abordar el problema y hacer predicciones que describen muchas de las propiedades observadas de los núcleos.

Uno de los enfoques de los modelos nucleares contempla la interacción efectiva de un nucleón con el resto del núcleo. El ejemplo más famoso de este tipo es el modelo de capas, que guarda similitud con el modelo atómico al describir los estados energéticos cuantizados de los nucleones, separadamente para neutrones y protones. En este modelo, un núcleo se encuentra en su estado fundamental cuando sus nucleones ocupan el nivel de energía mínimo. Al igual que un electrón en un átomo, los nucleones pueden alcanzar niveles energéticos superiores, llevando al núcleo a un estado excitado. El núcleo puede después retornar al estado fundamental, normalmente mediante la emisión de radiación gamma.

El modelo de capas proporciona explicaciones sobre propiedades fundamentales de los núcleos, incluyendo la presencia de valores específicos para el número de neutrones ($N = 2, 8, 20, 28, 50, 82, 126$) o de protones ($Z = 2, 8, 20, 28, 50, 82$), que conducen a la estabilidad y una forma más esférica de los núcleos. Estos valores se denominan números mágicos y corresponden a casos donde los nucleones llenan completamente las capas nucleares correspondientes. Algunos núcleos (como $^{4}He$, $^{16}O$, $^{40}Ca$, $^{208}Pb$) tienen coincidencia en alguno de estos números mágicos tanto para neutrones como para protones, y se les llama doblemente mágicos. Estos núcleos son más estables y más abundantes en el universo que sus núcleos vecinos, salvo el hidrógeno.

En otro enfoque de los modelos nucleares, no se consideran los estados individuales de los nucleones, sino que se centran únicamente en determinar su movimiento conjunto. Un ejemplo de estos modelos, conocidos como modelos colectivos, es el modelo de la gota líquida, donde el núcleo se aborda como un fluido incompresible compuesto por nucleones, y sus características se describen en términos de parámetros típicos de un líquido, como el volumen y la tensión superficial. Este modelo permite explicar el comportamiento observado de la energía de ligadura por nucleón (figura 9) y resulta especialmente útil para comprender cómo un núcleo puede deformarse hasta dividirse en dos más ligeros durante una fisión nuclear.

Tanto el modelo de capas como el de la gota líquida representan dos extremos en cuanto al comportamiento de los nucleones en el núcleo. Además, existen otros modelos conocidos como unificados que intentan combinar lo mejor de ambos.

# CAPÍTULO 3

# Creación primordial de los elementos

Un pequeño paso en la creación de los elementos, pero un gran salto para completar en el futuro la tabla periódica. Este podría ser el resumen de la nucleosíntesis primordial, que ocurrió durante una de las etapas iniciales del universo y produjo la materia prima para la formación de las primeras estrellas. Limitada únicamente a la generación de los elementos más ligeros, este proceso es uno de los pilares del modelo cosmológico del Big Bang.

En este capítulo exploraremos la nucleosíntesis primordial en los primeros minutos del universo, cuando las condiciones de temperatura y densidad permitieron la fusión nuclear. Como consecuencia de este proceso breve, pero de gran importancia, se formaron los primeros núcleos atómicos de hidrógeno, helio y, en menor medida, litio y berilio. Estos elementos ligeros sentaron las bases químicas del universo tal como lo conocemos, proporcionando la semilla para la formación de estructuras más complejas en etapas posteriores.

Además, analizaremos las abundancias relativas de estos elementos primordiales, y en particular la complejidad de medirlos en los lugares astrofísicos donde se cree que pueden encontrarse en su proporción relativa original. Describiremos cómo las observaciones actuales, combinadas con modelos teóricos, han permitido validar y ajustar el modelo del Big Bang. Este enfoque conecta la física nuclear y de partículas con la cosmología y muestra cómo el estudio del universo temprano nos ofrece un laboratorio alternativo para entender el origen de la materia.

La exploración científica de cuándo y dónde se generan los elementos químicos ha constituido un proceso largo y complicado. Se inició hace algo más de un siglo, cuando se definió que la identidad de cada uno de los elementos reside en el número de protones del núcleo atómico. La creación de nuevos elementos involucra la transmutación de los núcleos, es decir, la existencia de reacciones nucleares lo bastante efectivas para originar las abundancias observadas. Tal y como vimos en el primer capítulo, en general los elementos más pesados son mucho menos comunes, así que los principales procesos de la nucleosíntesis estarán relacionados con la unión (la fusión) de núcleos más ligeros.

Los núcleos con varios o muchos nucleones son estables porque la interacción fuerte permite superar la repulsión electrostática entre sus protones, pero es una fuerza que solo es efectiva a una escala tan pequeña como la del fermi, es decir, del orden de $10^{-15}$ m. Por tanto, la fusión de núcleos ligeros para crear otros más pesados solo será posible en un medio que reúna ciertas condiciones, sobre todo de altísima temperatura, que no abundan en el universo.

Como veremos en los siguientes capítulos, uno de los grandes descubrimientos del siglo pasado fue confirmar que las estrellas generan la mayor parte de su energía mediante reacciones termonucleares de fusión. En consecuencia, se estableció que la nucleosíntesis tiene lugar en el interior estelar. Pero las medidas indicaban que tanto en el Sol como en el resto del universo la abundancia de helio, un 25% en masa en relación a la del hidrógeno, parecía demasiado grande como para ser fruto únicamente de la fusión nuclear en las estrellas.

A la vez que se desarrollaban las bases de la física nuclear, un conjunto de medidas astronómicas sobre la velocidad y la distancia de las galaxias cambió radicalmente nuestra imagen del universo. La confirmación de la expansión del cosmos dio lugar a nuevos estudios sobre su evolución y origen. En particular, como durante sus primeras etapas presentaba un estado denso y muy caliente, se pensó que quizás el universo primigenio habría sido la cuna de todos los elementos químicos. Sin embargo, la rápida expansión cosmológica imposibilitó la formación de los núcleos de la mayor parte de los elementos, como veremos en este capítulo. Llamamos nucleosíntesis primordial a esta fase de creación de isótopos de los elementos ligeros (hidrógeno, helio y algo de litio), que sucede durante los primeros minutos del universo, para distinguirla de los procesos que tienen lugar en el interior de las estrellas, algunos cientos de millones de años después.

## Breve historia del universo

La cosmología, es decir, la ciencia que estudia la estructura y la evolución del universo en su conjunto, se limitaba a las estrellas de nuestra propia galaxia hasta la segunda década del siglo XX, cuando se demostró que ciertas nebulosas visibles con telescopios se hallaban en realidad muy lejos de las partes más externas de la Vía Láctea. Estos objetos astronómicos eran galaxias remotas, cuya luz ha empleado al menos millones de años en llegar a la Tierra. De repente, el universo conocido aumentaba enormemente su tamaño.

Más allá del denominado Grupo Local cercano a la Vía Láctea, casi todas las galaxias observables con los telescopios terrestres se están alejando de la nuestra. Este inesperado descubrimiento se debe a las medidas realizadas por el astrónomo estadounidense Edwin Hubble en 1929. En realidad, lo que sucede es que la cantidad de espacio entre dos puntos del universo crece con el tiempo, de tal manera que aumenta a mayor velocidad cuanto mayor es la distancia que los separa. Por ejemplo, una galaxia al doble de distancia aparentemente se aleja al doble de velocidad. Este fenómeno es la expansión cosmológica, que es independiente de la posición del observador, puesto que ningún punto es especial y no podemos hablar de un centro del universo. Esta expansión es característica del modelo cosmológico actual, basado en una serie de ecuaciones de la teoría de la relatividad general de Einstein, que nos indican que la evolución del universo depende de cómo está formado en cada momento. Dicho de otra manera, es el contenido total de materia y energía del cosmos quien determina el ritmo de su expansión, así como si esta se acelera o se frena. No obstante, en las regiones del tamaño de una galaxia o un cúmulo galáctico (pequeñas en relación a todo el universo), no se percibe dicha expansión porque localmente domina la fuerza gravitatoria.

Actualmente la fracción observable del universo abarca muchos miles de millones de galaxias, cada una formada a su vez por millones o miles de millones de estrellas. Pero el cosmos era muy distinto en sus primeras etapas, porque si consideramos la evolución temporal del universo hacia atrás, la expansión se convierte en contracción. El universo primordial era denso y caliente, y no contenía las estructuras que reconocemos fácilmente como las galaxias, las estrellas, los planetas y otros astros.

Las observaciones apuntan hacia un cosmos inicial en un estado de altísima densidad de materia, cuando algo que llamamos la gran explosión provocó que comenzara su expansión. Este es el Big Bang que marcó el origen del universo hace unos 13 800 millones de años, un suceso que da nombre al modelo cosmológico y que es una expresión que no se debe entender de manera literal. Por ahora carecemos de una teoría física de los primeros instantes del universo, pero los cosmólogos pueden describir de manera excelente lo que sucedió desde una millonésima de segundo más tarde.

Durante las primeras fases de su evolución, con la expansión la temperatura del universo disminuyó desde valores increíblemente altos, modificando tanto el contenido de partículas elementales como las interacciones entre ellas. Por ejemplo, una millonésima de segundo tras el Big Bang las interacciones fuerte, débil y electromagnética ya presentaban un carácter diferente. Podemos imaginar el universo en ese momento como una especie de sopa caliente de partículas elementales, incluyendo a los quarks, los electrones (junto a los muones y los taus, sus hermanas más masivas de la segunda y la tercera familia) y los neutrinos. El descenso de la temperatura, aunque todavía del orden de billones de grados, hizo que los quarks pasaran de ser partículas libres a estar confinadas en partículas compuestas. Por ejemplo, los quarks de tipo arriba y abajo se combinaron para formar protones y neutrones, pero estos todavía no constituían núcleos atómicos.

**Figura 14**
**Línea temporal de algunas de las principales etapas de la evolución del universo.**

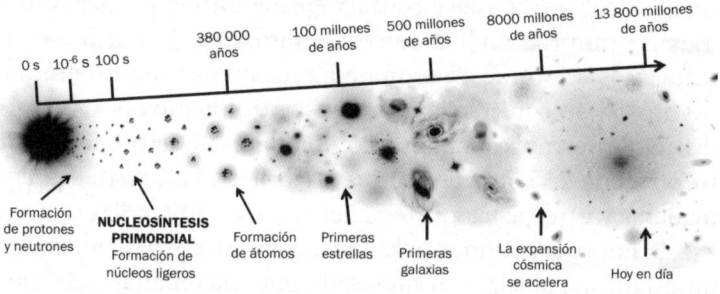

Fue necesario que pasaran unos cuantos segundos para que la temperatura del universo descendiera hasta alcanzar *solo* unos miles de millones de grados. En esa fase, el inventario cósmico estaba formado por las siguientes clases de partículas: protones, neutrones, electrones, neutrinos y fotones (las partículas de la radiación electromagnética). De entre todas ellas, las partículas relativistas, aquellas que no tienen masa o cuyo valor es muy pequeño en relación a su energía, eran las que fijaban el ritmo de la expansión cosmológica. En ese periodo, neutrinos y fotones dominaban el contenido de materia y energía del universo: aproximadamente un 40% para los primeros y un 60% para las partículas de la luz.

Precisamente en esa etapa de la evolución cósmica se dieron las condiciones adecuadas para que una fracción de los protones y los neutrones existentes se combinaran en núcleos de elementos ligeros como el helio. Llamamos a esta fase la nucleosíntesis primordial. Cuando terminó, en el universo había tanto electrones como núcleos (sobre todo de hidrógeno y helio), pero sin formar aún átomos, porque todos ellos interaccionaban de manera muy frecuente con los fotones.

Unos 50 000 años después del Big Bang, la desaceleración de la expansión permitió que la contribución de la materia (las partículas no relativistas) superara a la de la radiación. Más tarde, cuando la edad del universo alcanzó los 380 000 años, la temperatura cósmica aún estaba por encima de unos 3000 grados, pero era lo suficientemente baja para que los núcleos capturaran electrones y formaran los primeros átomos en un proceso llamado recombinación. A partir de ese instante, los fotones dejaron de interaccionar con los átomos neutros y pudieron atravesar sin impedimentos el universo, que al fin se volvió transparente. Después de unos cientos de millones de años, el colapso gravitatorio de la materia condujo al nacimiento de la primera generación de estrellas y, a una escala mayor, se formaron las galaxias y sus agrupaciones (los cúmulos de galaxias), el tipo de estructuras que actualmente observamos en el universo.

El fondo cósmico de microondas (FCM) es el nombre común que reciben los fotones provenientes de la época de la recombinación. Se llama sí porque la longitud de onda de esta radiación electromagnética se ha alargado tanto debido a la expansión del universo que, en la actualidad, la observamos en la región del espectro correspondiente a las microondas. El FCM, descubierto por casualidad en 1964, presenta un espectro de cuerpo negro con una temperatura actual muy pequeña, pero no nula, cuyo valor es de 2,73 K (-270,42 °C). Su intensidad, por otra parte, puede medirse en distintas regiones del cielo y es extremadamente uniforme, pero no exactamente igual. En 1992, gracias a las observaciones del satélite COBE de la NASA, se descubrió que el FCM tiene fluctuaciones diminutas, del orden del 0,001%. Estas pequeñas irregularidades ya existían en la distribución de materia del universo temprano, y fueron el germen para el crecimiento de las galaxias y otras estructuras mayores que surgieron más tarde a través de la acción de la gravedad. El origen de estas irregularidades o anisotropías del FCM podría estar en la existencia de una fase muy temprana del universo (del orden de $10^{-34}$ segundos tras el Big Bang) que llamamos inflación. No vamos a entrar aquí en los detalles de esta teoría, elaborada a partir de la década de 1980, pero podemos comentar que la inflación sería una etapa de expansión cosmológica de tipo exponencial, que explicaría varias de las propiedades básicas del universo.

Ya en nuestro siglo, las pequeñas anisotropías del fondo cósmico de fotones se han medido con una precisión exquisita. En particular, gracias a las observaciones de los satélites WMAP de la NASA y, posteriormente, Planck de la Agencia Espacial Europea. Tras analizar sus datos y combinarlos con otros conjuntos de mediciones cosmológicas, como la distribución de estructuras a grandes escalas o el ritmo actual de la expansión, es posible fijar los ingredientes cosmológicos del contenido total en materia o energía. Quizás lo más sorprendente es descubrir que el universo actual solo tiene un 5% de materia ordinaria, es decir, la que está constituida por las partículas y los átomos, que son los componentes básicos de las estrellas, los planetas y nosotros mismos. Dicho de otra manera, la fracción correspondiente a los elementos químicos cuya creación es el tema de este libro.

En cambio, todavía ignoramos qué es el otro 95% del total de la masa o energía del universo, formado por dos integrantes calificadas de oscuras: la materia oscura y la energía oscura. La contribución de la primera es unas cinco veces superior a la de la materia ordinaria, ya que constituye del orden del 27% del contenido del cosmos. El resto, aproximadamente un 68%, corresponde al ingrediente más extraño del universo: la energía oscura. La materia y la energía oscuras presentan algunas características comunes: las dos son invisibles y se encuentran por todas partes. Pero su naturaleza no podría ser más diferente.

Al igual que la ordinaria, la materia oscura tampoco se distribuye de manera homogénea. Se halla sobre todo en el interior y los alrededores de las galaxias, formando halos gigantescos, pero, tal y como indica su nombre, no podemos verla a través de la radiación electromagnética. Conocemos desde hace décadas su presencia porque su masa invisible causa efectos gravitacionales en las estructuras que sí podemos ver, como las galaxias. Sabemos que debe estar constituida por partículas masivas de un tipo todavía desconocido, aunque existen muchos candidatos predichos en el marco de modelos teóricos. En la actualidad, la materia oscura se busca de manera directa en experimentos situados en los laboratorios subterráneos, llamados así porque han sido excavados en el interior de una montaña o se sitúan en las partes más profundas de una mina, para conseguir disminuir las interferencias creadas por los rayos cósmicos. En paralelo, existe un amplio programa experimental de búsqueda de las señales originadas por las partículas producidas en las interacciones de la materia oscura, tanto en aceleradores de partículas, como el Gran Colisionador Hadrónico (LHC, por sus siglas en inglés) del CERN, como en detectores de radiación cósmica de alta energía.

Por último, en relación a la energía oscura es interesante destacar que las primeras pistas sobre su existencia datan de 1998. Se demostró entonces que las observaciones de un gran número de supernovas de una cierta clase indicaban que el ritmo de expansión del universo era cada vez más rápido, en lugar de frenarse como se preveía. Esta aceleración es lo contrario de lo que esperaríamos si en el cosmos solo hubiera materia, sea ordinaria u oscura. La energía oscura debe ser una cierta forma de energía que permea todo el espacio y que se distribuye de manera uniforme. A nivel local, la densidad de esta forma de energía es tremendamente pequeña, pero si consideramos su contribución cosmológica es grande porque ocupa igualmente enormes regiones del universo donde prácticamente no existe materia. Por ahora, los cosmólogos únicamente tienen ideas hipotéticas sobre el origen y la naturaleza de la energía oscura.

## La primera nucleosíntesis

Situémonos en el instante en el que nuestro universo tenía algo menos de un segundo de edad, cuando tanto los protones como los neutrones eran partículas libres y no formaban parte de ningún núcleo. En ese momento, la temperatura alcanzaba un valor de varios miles de millones de grados (equivalente a unos cuantos MeV), así que ambos tipos de partículas tenían interacciones muy frecuentes con otras presentes en el medio, como los electrones y sus antipartículas (los positrones), los neutrinos y los fotones. En este estado, llamado de equilibrio térmico, es posible calcular la cantidad que había de cada tipo de partícula, que depende de cuál es su masa. Como vimos en el capítulo anterior, la masa de protones y neutrones es muy similar, y de un valor ligeramente superior a una unidad de masa atómica, pero los neutrones son algo más pesados. En equilibrio térmico, esto significa que también eran menos numerosos que los protones, y la diferencia entre las cantidades de neutrones y de protones aumentó al disminuir la temperatura con la expansión del universo.

Los dos tipos de nucleones constituyen la base para la producción de los núcleos de los elementos más ligeros, desde el hidrógeno al carbono, cuyos principales isótopos se muestran en la figura 15. Por otra parte, en el esquema de la figura 16 pueden verse las principales reacciones entre núcleos que poseen hasta siete nucleones.

Veamos las principales fases de la nucleosíntesis en el universo primigenio. En primer lugar, el equilibrio entre protones y neutrones depende del primer conjunto de reacciones mostrado en la figura 16. Las tres se deben a la fuerza nuclear débil, y en ellas aparecen los (anti)neutrinos electrónicos, es decir, solo los de la primera familia de las partículas elementales. El primer proceso es la desintegración de un neutrón, que en un principio aún no era efectiva. Las otras dos reacciones pueden cambiar un neutrón en un protón (o viceversa), al absorber un positrón o un electrón, respectivamente.

La expansión del universo provocó que estos dos procesos no fueran efectivos al descender la temperatura cósmica por debajo de unos 0,7 MeV, cuando el cociente entre el número de neutrones y de protones era, aproximadamente, igual a 1/6. Al cesar las interacciones que permiten el intercambio de protones y neutrones, este valor seguiría constante, pero pocos minutos después las desintegraciones de los neutrones redujeron aún más su número.

Pero la producción de helio no puede ocurrir directamente desde los protones y los neutrones. El primer peldaño de la síntesis primordial de los elementos es la reacción 2 en la figura 16: la unión de un protón y un neutrón para obtener un núcleo de deuterio que, recordemos, es el segundo isótopo estable del hidrógeno ($^2H$). Su núcleo, también llamado deuterón, tiene una energía de ligadura de 2,2 MeV, así que lo lógico es que se formase deuterio cuando protones y neutrones tuvieran energías del mismo orden, es decir, para valores similares de la temperatura cósmica.

Figura 15
**Ampliación de la carta de los núcleos en la región correspondiente a los seis primeros elementos. Junto a los 11 isótopos estables, se muestran otros 19 núcleos y el neutrón, para los que se indica el valor de su vida media.**

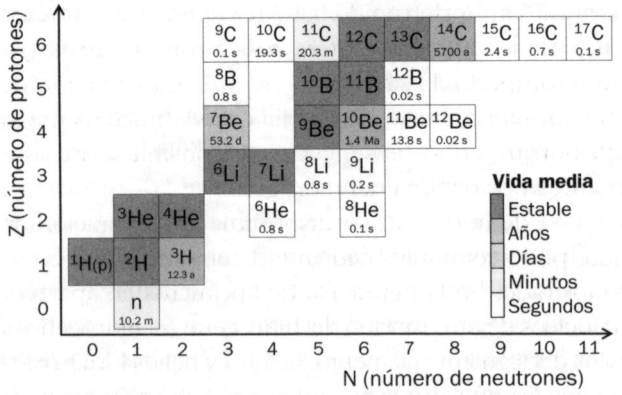

FIGURA 16

**Principales reacciones de la nucleosíntesis primordial, que parte desde los protones y los neutrones.**

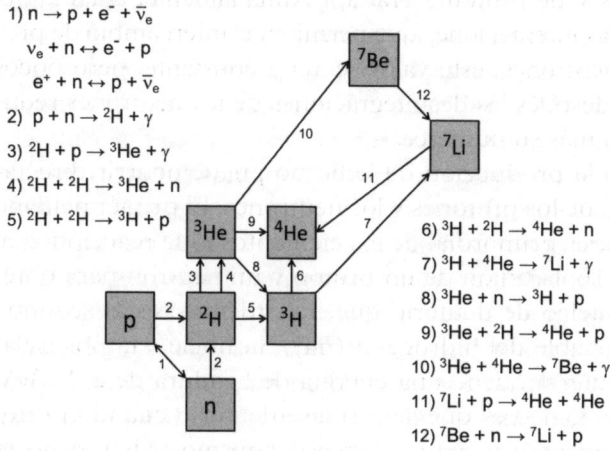

1) $n \rightarrow p + e^- + \bar{\nu}_e$

   $\nu_e + n \leftrightarrow e^- + p$

   $e^+ + n \leftrightarrow p + \bar{\nu}_e$

2) $p + n \rightarrow {}^2H + \gamma$

3) ${}^2H + p \rightarrow {}^3He + \gamma$

4) ${}^2H + {}^2H \rightarrow {}^3He + n$

5) ${}^2H + {}^2H \rightarrow {}^3H + p$

6) ${}^3H + {}^2H \rightarrow {}^4He + n$

7) ${}^3H + {}^4He \rightarrow {}^7Li + \gamma$

8) ${}^3He + n \rightarrow {}^3H + p$

9) ${}^3He + {}^2H \rightarrow {}^4He + p$

10) ${}^3He + {}^4He \rightarrow {}^7Be + \gamma$

11) ${}^7Li + p \rightarrow {}^4He + {}^4He$

12) ${}^7Be + n \rightarrow {}^7Li + p$

Sin embargo, por cada nucleón presente en el universo temprano había más de mil millones de fotones, por lo que era muy probable que el deuterón recién creado se rompiese al absorber un fotón con la energía suficiente. Este proceso se llama fotodesintegración y es simplemente el inverso al de fusión que da lugar al $^2$H. Hubo que esperar a que la temperatura descendiese por debajo de 0,1 MeV, unos tres minutos desde el Big Bang, para que fuera más probable producir deuterio que romperlo. Hasta ese momento, la formación de deuterio constituía un cuello de botella para la nucleosíntesis primordial, porque en su ausencia no es posible continuar hacia elementos por encima del hidrógeno.

Una vez el deuterio estuvo disponible, la generación de otros núcleos pudo continuar mediante el conjunto de procesos de fusión mostrados en la figura 16. Los primeros en aparecer fueron los núcleos de otro isótopo del hidrógeno (el hidrógeno-3 o tritio) y dos del siguiente elemento: helio-3 y helio-4. Ya hemos comentado que los núcleos de helio-4 son mucho más estables que sus vecinos, así que de manera efectiva prácticamente todos los neutrones todavía presentes en el universo se combinaron con protones para crear núcleos de helio-4. En ese instante, el cociente entre el número de neutrones y el de protones había descendido hasta 1/7, por el efecto de las desintegraciones de algunos de los primeros.

Para hallar cuánto helio-4 se produce, hagamos unos cálculos sencillos. Sabemos que hay un neutrón por cada siete protones, y que son necesarios dos nucleones de cada tipo para formar un núcleo de $^4$He. Si tomamos entonces un total de 16 nucleones (2 neutrones y 14 protones), solo cuatro de ellos se unen para formar helio-4, y el resto son protones, es decir, núcleos de hidrógeno. La cuenta final corresponde a la creación primordial de un núcleo de helio-4 por cada 12 de hidrógeno (protones): una abundancia relativa, por tanto, de algo más de un 8% de helio en número de átomos, que corresponde a una abundancia en masa del helio de aproximadamente el 25% del total (porcentaje que concuerda con las observaciones).

La nucleosíntesis primordial solo consigue producir cantidades mucho menores del resto de núcleos ligeros que aparecen en la figura 16. Una vez terminado el proceso, cuando el reloj cosmológico marcaba alrededor de un cuarto de hora, tan solo se crearon núcleos de berilio-7 y litio-7 en cantidades apreciables, aunque muchísimo menores que en el caso del helio-4. La producción de elementos más pesados no llega a iniciarse porque la expansión del universo limita la eficacia de las reacciones nucleares y, sobre todo, porque no existen núcleos estables con 5 y 8 nucleones (véase figura 15). Además, como tanto el tritio como el berilio-7 son inestables, sus abundancias primordiales acabarán sumándose a las del helio-3 y el litio-7, respectivamente.

Dejando de lado el isótopo más sencillo del hidrógeno ($^1$H, los protones que quedan libres), únicamente deuterio, helio-3, helio-4 y litio-7 quedan como remanentes de los primeros minutos del universo. Tras ese periodo, no se dio ningún otro proceso de nucleosíntesis hasta la aparición de las primeras estrellas.

# Las abundancias primordiales de los elementos ligeros

Obtener medidas fiables de las abundancias primordiales de los elementos es un problema complicado. Las observaciones se realizan hoy en día, después de que varias generaciones de estrellas hayan creado nuevas cantidades de estos isótopos (o destruido las primitivas) mediante sus propios procesos de nucleosíntesis. Idealmente, se trata de observar aquellas regiones astrofísicas donde se piensa que la creación estelar de elementos ha modificado lo menos posible las abundancias primordiales.

El helio-4 no es difícil de medir en el universo, dado que su proporción respecto al hidrógeno es grande, pero la determinación de su abundancia primordial es una tarea complicada porque es el principal producto de las reacciones de fusión en las estrellas. Esta determinación se realiza a través de la medida de las líneas de emisión del hidrógeno y del helio en ciertas zonas de galaxias enanas no lejos de nuestra Vía Láctea. Estas áreas de gas ionizado, llamadas regiones HII, presentan muy baja proporción de elementos más pesados que el helio (llamados metales en la jerga astrofísica). La medida del helio-4 primitivo no es directa, sino que resulta de considerar un cierto modelo teórico para extraer su valor previo a cualquier producción estelar. Debido a este motivo, es muy complicado disponer de una observación del helio-4 primordial con una precisión mejor del 1%. De manera independiente, las recientes mediciones de las anisotropías del FCM pueden ofrecer un nuevo dato sobre la abundancia de helio primordial.

El caso del deuterio es distinto, pues se piensa que no hay fuentes astrofísicas que lo produzcan. Por el contrario, como se destruye durante la evolución estelar, cualquier observación de deuterio nos da un límite inferior a su abundancia primordial. Se cree que las regiones más apropiadas para inferir su abundancia primitiva son las nubes de hidrógeno que absorben la luz que emiten los llamados cuásares, fuentes astrofísicas mucho más lejanas. Estas medidas del deuterio primordial están disponibles desde hace pocos años y confirman que su abundancia es de entre una y varias partes entre 100 000. También el helio-3 puede detectarse mediante una de sus líneas de emisión, pero como su observación solo es accesible en las nubes de gas de la Vía Láctea, regiones con una importante actividad estelar, los datos no se suelen emplear para comparar con la predicción de su abundancia primordial.

El litio es el elemento más pesado que se produce durante la nucleosíntesis primitiva, en una cantidad diminuta pero observable. Pero también su caso es complejo, porque el litio-7 se origina a partir de los rayos cósmicos o en las estrellas, donde también puede consumirse. De nuevo, las medidas del litio-7 deben realizarse en regiones astrofísicas donde el contenido de metales sea mínimo, como en el caso del helio-4, pero ahora con una abundancia primordial mucho menor. Se utilizan los datos de observaciones de estrellas muy viejas, situadas en el halo de nuestra galaxia, que tienen porcentajes muy pequeños de cualquier elemento que no sea hidrógeno o helio.

Todas estas observaciones de las abundancias primordiales deben confrontarse con las correspondientes predicciones teóricas. Existen cálculos precisos de la evolución de los procesos nucleares durante todo el desarrollo de la nucleosíntesis primordial, desde algo menos de un segundo hasta unos 15 minutos tras el Big Bang, en el marco de la relatividad general. Los valores predichos para las abundancias de los distintos núcleos, en relación al hidrógeno (en concreto, el $^1$H), son del siguiente orden:

| ISÓTOPO | ABUNDANCIA RELATIVA RESPECTO AL $^1$H |
|---|---|
| helio-4 | 24,7% en masa |
| deuterio (hidrógeno-2) | 3 núcleos por cada 100 000 |
| helio-3 | 1 núcleo por cada 100 000 |
| litio-7 | 4 núcleos por cada 10 000 millones |

Es interesante destacar que las predicciones de la nucleosíntesis primordial dependen básicamente de un único parámetro: la cantidad de materia ordinaria que existe en relación a la radiación cósmica (la densidad de fotones), lo que se conoce como asimetría bariónica del universo. La palabra asimetría aparece aquí porque materia y antimateria existieron en cantidades casi iguales en una etapa anterior de la evolución cósmica, pero con una pequeñísima ventaja de la primera. La materia ordinaria que existe ahora en el universo corresponde a la que sobrevivió a su aniquilación mutua. Por otra parte, el adjetivo viene de barión, que es como se denomina cualquier partícula compuesta por tres quarks, como en el caso de protones y neutrones.

En general, al comparar todas las observaciones con los valores predichos de las abundancias primordiales obtenemos un acuerdo bastante razonable, dentro de los errores que resultan tanto de los datos de medida como del cálculo teórico. Pero es muy interesante comprobar que dicho acuerdo indica que la contribución de la materia ordinaria al contenido en materia y energía del universo actual (un 5%) se encuentra muy por debajo del porcentaje total de la materia (32%). Este hecho implica la existencia de otro tipo de partículas, que forman la materia oscura, descrita anteriormente.

Un valor similar de la asimetría bariónica se obtiene, de manera independiente, del análisis de los datos sobre el FCM. Se trata de un gran éxito si tenemos en cuenta que estos elementos provienen de los primeros minutos del cosmos, por lo que la nucleosíntesis primordial, junto a la medida del FCM, constituye uno de los pilares que sustentan el modelo cosmológico del Big Bang. De hecho, las predicciones de la nucleosíntesis primordial se conocen tan bien que ningún modelo teórico no estándar, sea cosmológico o de la física de partículas, puede modificarlas de manera significativa. Y si el modelo no supera el test, queda automáticamente excluido.

# CAPÍTULO 4

# Formación de elementos ligeros en las estrellas

El oxígeno y el carbono componen más del 80% de la masa de nuestros cuerpos, pero estos elementos no se produjeron en la nucleosíntesis primordial como el hidrógeno. ¿De dónde provienen entonces? ¿Qué procesos en el universo los han producido? Y el resto de elementos todavía más pesados... ¿sabemos dónde se han formado?

A lo largo de los próximos dos capítulos veremos cómo las estrellas producen la gran mayoría de los elementos químicos. Aprenderemos cómo evolucionan las estrellas según pasan por sus distintas etapas de combustión que producen los diferentes elementos, y entenderemos que la estabilidad de estos astros depende del equilibrio entre la energía liberada por fusión nuclear y la contracción gravitatoria debida a su gran masa.

En este capítulo nos centraremos en las estrellas como los "calderos nucleares" que cocinan los elementos ligeros para transformarlos en otros más pesados, comenzando con el hidrógeno y el helio, que son los ingredientes principales durante la mayor parte de la existencia de la estrella. Exploraremos cómo diferentes tipos de estrellas, desde las más ligeras hasta las más masivas, presentan rutas distintas para la síntesis de elementos. Analizaremos cómo procesos como la cadena protón-protón y el ciclo CNO dominan en las estrellas de la secuencia principal, como nuestro Sol, mientras que la fusión del helio y otros mecanismos entran en juego en etapas más avanzadas.

Como vimos en el capítulo anterior, tras pocos minutos de existencia del universo se había producido ya hidrógeno, helio e incluso una mínima cantidad de litio. Se cree que el resto del litio, así como el berilio y el boro (los núcleos con cuatro y cinco protones, respectivamente), mucho menos abundantes que otros elementos con un número atómico pequeño, se originan a través de procesos de rotura de los núcleos de elementos más pesados por la radiación cósmica en el medio interestelar, el conocido como proceso X o de fragmentación. El resto de elementos, desde el carbono hasta el radiactivo uranio, que presenta isótopos que encontramos en algunas minas y que viven hasta miles de millones de años, se crean en las estrellas.

Una estrella es un cuerpo celeste luminoso que emite energía originada en su núcleo mediante reacciones termonucleares y que se sostiene gracias a su propia gravedad. Las estrellas nacen como consecuencia del colapso gravitatorio de una nube de gas frío, formada por hidrógeno, helio y pequeñas cantidades de otros elementos. Hablamos de átomos neutros que, como tienen masa, se atraen por la gravedad. Cuando las condiciones (temperatura, presión, densidad) son las apropiadas, dicha nube se contrae y, como consecuencia, se calienta, emitiendo radiación al espacio hasta llegar a un estado de equilibrio, llamado hidrostático, donde la tendencia a expandirse debida a su presión interna compensa la tendencia de su propia gravedad. Esta competición entre dos fuerzas opuestas, originadas respectivamente por la gravedad (que favorece la contracción) y por la presión interna (que favorece la expansión), determina la evolución de la estrella desde su nacimiento hasta sus últimas fases. El objeto que se ha formado y que se mantiene en equilibrio hidrostático emitiendo radiación al espacio se llama protoestrella. Desde que comienza el colapso gravitatorio de la nube de gas hasta que se forma la protoestrella pueden pasar unos pocos miles de años, es decir, muy poco tiempo en escala astronómica. La protoestrella es un objeto mucho mayor que la estrella a la que dará lugar. Para hacernos una idea, una protoestrella de 1000 años y con la masa del Sol tiene un diámetro 20 veces mayor que el del Sol y es 100 veces más luminosa. Aunque este objeto pueda parecer una estrella, no lo es, puesto que no tienen lugar reacciones nucleares en su interior.

Durante el colapso gravitatorio de la nube inicial, la energía potencial gravitatoria que libera se transforma en calor que se irradia al espacio, pero cuando el gas comienza a ser más denso, dicha energía se almacena en el interior de la protoestrella, aumentando su temperatura y su presión. Cuando la temperatura del núcleo estelar alcanza unos 10 millones de grados, las reacciones de fusión nuclear que convierten hidrógeno en helio empiezan a ser efectivas. Esto, en el caso del Sol, ocurrió unos 50 millones de años después de nacer la protoestrella. A partir de este punto los intervalos de tiempo dependen muchísimo de la masa de la protoestrella: cuanto más masiva, más rápido sucede todo. Para una de 15 masas solares el núcleo alcanzaría los 10 millones de grados en tan solo 1 millón de años, mientras que las protoestrellas mucho más ligeras que el Sol pueden necesitar más de 100 millones de años para comenzar la fusión del hidrógeno en su interior.

En el momento en que las reacciones de fusión son efectivas ya podemos hablar de un nuevo objeto astronómico, al que denominamos estrella. Su comportamiento difiere mucho del de la protoestrella que la precedió: antes dominaba exclusivamente la gravedad, ahora la fusión aporta una fuente de energía no gravitatoria que permite mantener el equilibrio hidrostático de la estrella durante un tiempo mucho mayor que el que sería posible sin reacciones nucleares. Al contrario de lo que podría pensarse, la fusión nuclear en las estrellas comienza porque están calientes, y no al revés.

La fusión del hidrógeno define la etapa inicial de la evolución estelar, y es el primer eslabón de la cadena de la nucleosíntesis en las estrellas, cuya principal característica es que los elementos que se crean en cada etapa son los iniciales para la siguiente. Sin embargo, no todas las estrellas pueden crear todos los elementos químicos. La producción de núcleos en una estrella determinada queda fijada por su evolución, que, a su vez, depende de sus características, como su masa, temperatura y composición. En particular, un aumento de la temperatura será crucial en las posteriores etapas para permitir la fusión de núcleos cada vez más pesados. Pensemos que, al aumentar el número atómico, también crece la fuerza de repulsión entre los núcleos, por contener más protones, por lo que será necesaria una temperatura mayor para que la fusión sea efectiva.

## Diferentes tipos de estrellas

Existe un número gigantesco de estrellas en el universo, del orden de 200 000 millones solo en nuestra galaxia, la Vía Láctea. Gran parte de ellas funcionan como el Sol. Sin embargo, no son todas iguales. Cada estrella se caracteriza por unas determinadas propiedades como su masa, su composición química o la temperatura de su superficie. Esta última se relaciona muy estrechamente con una propiedad muy importante que casi podemos medir directamente de una estrella: su luminosidad, que es la cantidad de energía que emite la estrella por unidad de tiempo[1]. Un físico la llamaría potencia radiada y la mediría en vatios (W), exactamente igual que en el caso de las bombillas que utilizamos en casa. Sin embargo, lo más usual es tomar como referencia las características del Sol (véase tabla) y medir la luminosidad de las estrellas como múltiplos de la de nuestro astro. Así pues, las observaciones muestran que las estrellas presentan luminosidades de entre $10^{-4}$ y $10^6$ veces la solar. Por ejemplo, en la Gran Nube de Magallanes, una galaxia satélite de la Vía Láctea, se ha observado una estrella (R136a1) varios millones de veces más luminosa que el Sol. Las estrellas de mayor luminosidad conocidas están tan lejos que solo se pueden observar con telescopios, mientras que

---

1. Esta definición se corresponde con la denominada luminosidad real, mientras que desde la Tierra medimos directamente una luminosidad aparente que depende de la distancia a la que se encuentra la estrella. De ahí el uso del "casi".

otras mucho menos luminosas se encuentran entre las más brillantes en el cielo nocturno debido a su cercanía. Este es el caso de Sirio, Canopo, Arturo o Vega. Pese al rango tan grande que observamos en su luminosidad, la temperatura en la superficie estelar solo varía en aproximadamente un orden de magnitud, desde algo menos de 3000 K hasta poco más de 30 000 K. La temperatura de una estrella no tiene un valor único en todo su volumen, sino que existe un gradiente que va desde los millones de grados en su núcleo hasta los miles de grados en su periferia.

Dado que la temperatura superficial de una estrella y su luminosidad están estrechamente relacionadas, y ambas propiedades dependen de las reacciones de fusión nuclear que tienen lugar en su interior, las estrellas que observamos suelen situarse en las gráficas de luminosidad en función de la temperatura superficial, en sentido decreciente. De esta manera tenemos una imagen instantánea de los distintos estados de la evolución de muchas estrellas. Este tipo de representación fue creado hace poco más de un siglo por dos astrónomos, el danés Ejnar Hertzsprung (1873-1967) y el estadounidense Henry N. Russell (1877-1957). En honor de ambos se conoce como el diagrama de Hertzsprung-Rusell o diagrama H-R, cuya versión esquemática (figura 17) incluye también una serie de letras (O, B, A, F, G, K, M) que simbolizan el tipo espectral de las estrellas, una clasificación basada en el estudio de las líneas de absorción de su espectro. El tipo espectral de la estrella nos da información sobre la masa, la edad y la temperatura de su fotosfera (la capa exterior de las estrellas, desde donde se emite su luz). Las estrellas de tipo O son las que presentan una fotosfera más caliente y brillan en tonos azules, mientras que el extremo opuesto, el más frío, corresponde a estrellas de tipo M, que se ven de color rojo.

La posición de cada estrella en el diagrama H-R es un reflejo de su masa, radio, edad, composición química y fase de su evolución. Podemos observar que las estrellas no se sitúan de manera arbitraria en el diagrama H-R, sino que tienden a agruparse en regiones más densamente pobladas, que corresponden a las fases donde las estrellas pasan la mayor parte de su tiempo.

FIGURA 17
**Representación esquemática del diagrama de Hertzsprung-Rusell, que muestra la luminosidad y temperatura superficial efectiva de muchas estrellas en diferentes fases de su evolución.**

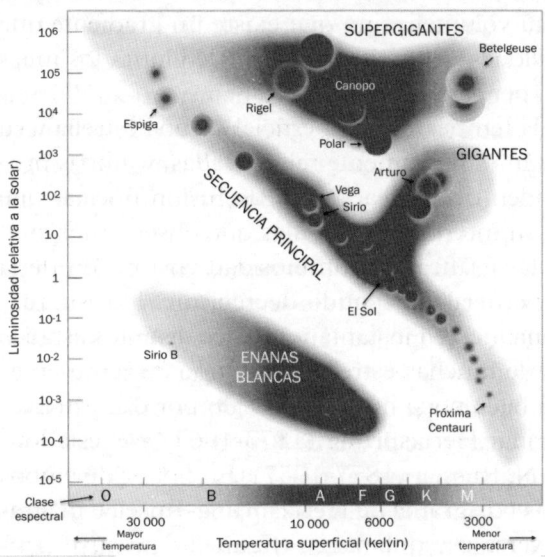

Durante la etapa más larga de su existencia, las estrellas consumen parte de su hidrógeno para producir helio a través de reacciones de fusión nuclear, de las que hablaremos más tarde. Se encuentran en la llamada secuencia principal, que ocupa una región relativamente estrecha que va desde la esquina superior izquierda hasta la inferior derecha del diagrama H-R, en orden decreciente de luminosidad, temperatura y masa. El Sol se encuentra actualmente en esa zona del diagrama, como se ve en la figura 17, y se clasifica como tipo espectral G. Como las estrellas de mayor masa presentan una presión mayor en su interior, queman el hidrógeno más rápidamente y solo permanecen en la secuencia principal unos pocos millones de años de media. En cambio, en las estrellas de masa mínima como las enanas rojas los procesos de fusión nuclear pueden durar hasta cientos de miles de millones de años. Una vez más vemos que cuanto más masiva es la estrella, más rápido sucede todo.

Solo una estrella de cada tres millones en la secuencia principal es del tipo espectral O, mientras que las de tipo M son muchísimo más comunes. Por ejemplo, Sirio, la estrella más brillante del cielo nocturno, es una estrella blanca de tipo espectral A con el doble de la masa del Sol y unas 25 veces más luminosa. En cambio, Próxima Centauri, la estrella más cercana al sistema solar, ubicada a 4,25 años-luz de distancia, es una enana roja de tipo M que tiene un décimo de la masa solar pero solo un 0,17% de su luminosidad, por lo que no puede verse a simple vista.

Volviendo a la figura 17, observamos que el diagrama H-R muestra otras regiones donde se acumulan las estrellas fuera de la secuencia principal. Estas áreas corresponden a etapas más avanzadas de la evolución estelar, cuando se va agotando el hidrógeno que usan como combustible, y empiezan a tener lugar otras reacciones de fusión nuclear para contrarrestar la contracción gravitatoria. Estas regiones incluyen estrellas gigantes y supergigantes en la parte superior del diagrama H-R, que presentan luminosidades que pueden superar en 100 000 veces la del Sol y tienen una masa de entre 5 y 20 veces la de nuestra estrella. Por ejemplo, la Estrella Polar, que marca el polo norte celeste, es una supergigante amarilla de tipo espectral F, mientras que la estrella más brillante de la constelación de Orión, Rigel, es una supergigante azul de tipo B. En cambio, por debajo de la secuencia principal se encuentra la región de las enanas blancas, donde van a parar muchas estrellas en su etapa final. Por ejemplo, la estrella Sirio forma parte de un sistema estelar binario junto a la enana blanca Sirio B, tan masiva como nuestro Sol pero unas 400 veces menos luminosa y con un tamaño similar al de la Tierra. En realidad, muchas de las estrellas tienen una o varias compañeras, como en el caso de la Polar, que forma un sistema triple junto a otras dos estrellas de tipo F.

Aunque dijimos que el diagrama H-R es una imagen instantánea del estado actual de muchas estrellas, también podemos mirarlo desde una perspectiva diferente y mostrar en él el estado de una única estrella y cómo este evoluciona con el tiempo. Cada una de las estrellas que se acumulan en la secuencia principal, en algún momento se moverá hacia arriba y hacia la derecha en el diagrama H-R, como sucederá con el Sol cuando agote el hidrógeno de su interior y se transforme en gigante roja. La trayectoria de las estrellas en el diagrama H-R en función de su evolución viene determinada por su masa cuando se encuentran en la secuencia principal.

## El Sol: una estrella en la secuencia principal

No todas las estrellas en la secuencia principal son como el Sol. Sin embargo, nuestra estrella es un caso típico, ni muy masiva ni excesivamente ligera, y es la que mejor conocemos. Algunas de sus propiedades (la tabla muestra las principales) pueden medirse directamente, mientras que otras pueden deducirse a partir de modelos teóricos del interior estelar. Es muy útil, por tanto, considerar al Sol como referencia para ilustrar la estructura y las propiedades de las estrellas durante su existencia en la secuencia principal.

| PROPIEDADES DEL SOL ($\odot$) | VALOR |
|---|---|
| Masa | $M(\odot) = 1,99 \times 10^{30}$ kg |
| Radio | $R(\odot) = 6,96 \times 10^{8}$ m |
| Luminosidad | $L(\odot) = 3,83 \times 10^{26}$ W |
| Temperatura efectiva superficial | $T(\odot) = 5.780$ K |
| Edad | $t(\odot) = 4,55 \times 10^{9}$ años |
| Densidad (núcleo) | $\rho(\odot) = 1,48 \times 10^{5}$ kg m$^{-3}$ |
| Temperatura (núcleo) | $T(\odot) = 15,6 \times 10^{6}$ K |

Las estrellas más ligeras conocidas pueden tener masas tan pequeñas como una centésima parte de la masa solar. Las más pesadas, las supergigantes rojas, pueden alcanzar hasta cien veces la masa del Sol. Nuestro astro rey es bastante mayor que muchas de las estrellas que se hallan en la fase de la secuencia principal: las enanas rojas de clase M, por ejemplo, son diez veces menos masivas. El Sol es una estrella de tipo espectral G, más o menos como una de cada 13 de la secuencia principal, según las observaciones en la región cercana al sistema solar.

El Sol, como el resto de las estrellas, nació a causa del colapso gravitatorio de una nube de gas, un proceso que tuvo lugar hace unos 4600 millones de años y que también originó nuestro planeta y el resto de objetos del sistema solar. La composición química inicial del Sol era similar a la primordial, dominada por el hidrógeno y el helio, aunque durante su formación incorporó materia procesada en estrellas de generaciones anteriores, de modo que contenía algo menos de hidrógeno (un 71%) y un poco más de helio (algo más del 27%), y al mismo tiempo incluía un 2% de metales, que, como ya hemos dicho, para los astrofísicos abarcan cualquier elemento más pesado que el helio. La presencia de metales en el Sol nos indica que no pertenece a la primera generación de estrellas, sino que, desde las primeras etapas del universo hasta su nacimiento, ha debido pasar tiempo suficiente para que otras estrellas sintetizaran estos elementos.

La contracción de esa nube de gas, provocada por la gravedad, dio lugar a una protoestrella, y después siguió calentando su interior hasta alcanzar una temperatura del orden de diez millones de grados. En ese momento las reacciones termonucleares de fusión comenzaron a ser efectivas en el núcleo del Sol, proporcionando un aporte extra de energía que frenó el colapso gravitatorio y lo situó en la secuencia principal. Durante esta fase, que, como vimos antes, es la más larga en la evolución de cualquier estrella (corresponde a un 90% de la vida del Sol), una buena parte del hidrógeno del núcleo se convierte en helio. Esta etapa de equilibrio continúa hoy en día y todavía seguirá durante unos cinco mil millones de años más, cuando el Sol agote su combustible para la fusión del hidrógeno y comience a entrar en su siguiente fase de combustión.

Como vimos en el segundo capítulo, la unión o fusión de dos núcleos ligeros libera energía porque da lugar a otros más estables. Siendo el elemento más abundante del universo y el que menos carga eléctrica tiene en su núcleo, no sorprende que la fusión nuclear en las estrellas comience por el hidrógeno. Hace algo más de un siglo, sir Arthur Eddington (1882-1944) sugirió que el calor del Sol provenía de la transformación de hidrógeno en helio. Sin embargo, que la fusión de núcleos de hidrógeno pueda ocurrir proporcionando energía no significa que suceda siempre. Para unir los protones hay que vencer la repulsión entre partículas con la misma carga positiva. Esta barrera electrostática solo puede superarse, en primer lugar, gracias a una temperatura lo suficientemente alta (millones de grados) para que los protones se muevan tan rápido que sea probable que se encuentren lo bastante cerca. Incluso así, la energía cinética media de los protones no es suficiente para vencer la barrera. La fusión solo es posible gracias a una de las consecuencias de la mecánica cuántica: la existencia de una probabilidad pequeñísima, pero no nula, de atravesar la barrera por el llamado efecto túnel.

La fusión nuclear en las estrellas comienza, por tanto, con hidrógeno y por efecto túnel. Uno tendería a pensar que el primer paso debería ser el más simple: fusionar dos núcleos de hidrógeno, es decir, dos protones, para formar un núcleo de helio-2, que no contiene neutrones. Sin embargo, sabemos que el núcleo de $^2He$ no puede formarse, por lo que la fusión del hidrógeno debe iniciarse de otra manera[2]. El proceso tiene lugar a través de la conversión de cuatro núcleos de hidrógeno en uno de helio-4 (figura 18), y puede proporcionar energía porque este último tiene una masa que es aproximadamente un 0,7% más pequeña que la suma de las masas de los cuatro protones iniciales.

---

2. Curiosamente, esto mismo sucederá después, cuando comience la fusión del helio. Al final de este capítulo veremos que dos núcleos de helio dan lugar a un sistema no ligado: el berilio-8.

Figura 18
**Esquema de la conversión de hidrógeno en helio en una estrella.**

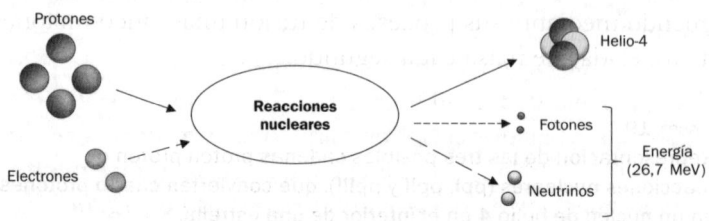

## La cadena protón-protón y el ciclo CNO

Tal y como predijo Eddington, el origen del calor del Sol es la existencia de reacciones termonucleares de fusión, que convierten el hidrógeno en helio produciendo energía que nos llega en forma de radiación electromagnética (fotones). Sin embargo, los detalles sobre estas reacciones se presentaron más tarde, cuando en 1939 el físico germano-estadounidense Hans Bethe (1906-2005) expuso dos posibles series de reacciones nucleares para la fusión solar: la cadena protón-protón y el ciclo CNO.

La cadena protón-protón o cadena pp, representada en la figura 19, es la principal manera de transformar el hidrógeno en helio en nuestro Sol y en estrellas de menor masa, pues ocurre cuando el interior estelar alcanza una temperatura de unos diez millones de grados. El proceso comienza con la fusión de dos protones (núcleos de $^1$H), que da lugar a un núcleo de deuterio ($^2$H), un neutrino y un positrón. Como vimos, el deuterio es uno de los dos isótopos estables del hidrógeno, y su núcleo, llamado también deuterón (d), lo forman un protón y un neutrón. Esta reacción nuclear sucede gracias a la fuerza nuclear débil, siendo un proceso de tipo β+. A pesar de las condiciones del interior del Sol, es un proceso tremendamente lento, ya que cada protón individual en el núcleo solar solo lo sufrirá, en promedio, tras unos cinco mil millones de años. Sin embargo, dado que existe un enorme número de protones, la reacción tiene lugar en cuanto la temperatura es lo suficientemente alta. Un periodo equivalente, miles de millones de años, es el tiempo que una estrella como el Sol permanecerá en la secuencia principal, consumiendo mediante sus procesos de fusión unas cinco millones de toneladas de masa cada segundo.

**Figura 19**
Representación de las tres posibles cadenas protón-protón de reacciones nucleares (ppl, ppll y ppllI), que convierten cuatro protones en un núcleo de helio-4 en el interior de una estrella.

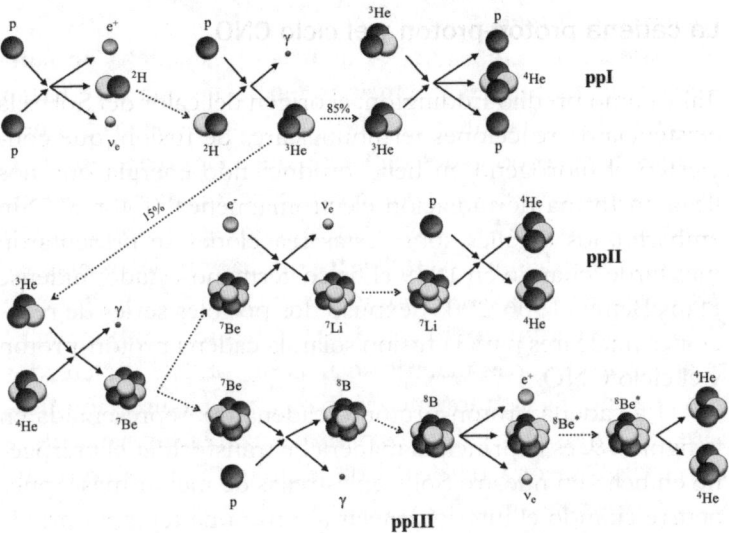

La segunda reacción es mucho más rápida. El deuterón creado se une a un protón para formar un núcleo de helio-3 y emitir un fotón. A partir de aquí, la cadena pp puede seguir de tres formas distintas, según qué proceso sufran los núcleos de helio-3, y se conocen como ppI, ppII y ppIII. La rama ppI es la más probable, ya que ocurre el 85% de las veces, y también la más sencilla: dos núcleos de helio-3 se unen para crear uno de helio-4 y completar el proceso. En cambio, cuando la estrella tiene ya una cierta edad, como en el caso del Sol, ha producido una cantidad considerable de helio-4, cuyos núcleos pueden combinarse con los de helio-3 para producir berilio-7. Casi todos estos núcleos de berilio-7 capturan un electrón para dar lugar a litio-7 emitiendo un neutrino, a través de la llamada rama ppII. Pero aproximadamente una vez entre mil tiene lugar la rama ppIII, cuando el $^7$Be se une a un protón para formar un núcleo de boro-8 que poco después se desintegra, produciendo a su vez un neutrino, un positrón y berilio-8. En estas dos ramas, la cadena pp se completa con la creación de dos núcleos de helio-4, a partir del $^7$Li o el $^8$Be. La importancia relativa de las vías ppII y ppIII aumenta con respecto a la ppI si la estrella presenta una temperatura en su núcleo superior a la solar.

Además de crear núcleos de helio-4, la cadena pp también da lugar a fotones y neutrinos, partículas que se reparten la energía liberada (unos 26 MeV). En el caso de los fotones, además de los producidos directamente en las reacciones nucleares también aparecen como consecuencia de los procesos de aniquilación de los positrones emitidos al encontrarse con los electrones del medio estelar. Esta radiación electromagnética surge del núcleo estelar con alta energía, característica de la radiación gamma, pero como los fotones son continuamente absorbidos por la materia solar para volver a ser creados con una energía ligeramente más baja y en una dirección aleatoria, necesitan miles de años para alcanzar la superficie de la estrella, la fotosfera, desde donde se emiten a una energía que se corresponde con la luz visible.

Por otra parte, a pesar de que las capas internas del Sol presentan una alta densidad, es muy poco probable que los neutrinos interaccionen. Estas partículas solo tardan unos segundos en llegar a la superficie, abandonando la estrella con un 2% del total de la energía producida. Y tan solo unos ocho minutos después, una increíble cantidad de estos neutrinos solares alcanza la Tierra: aproximadamente unos 66 000 millones por centímetro cuadrado y por segundo. Utilizando detectores enormes situados en el interior de minas o en laboratorios subterráneos, desde finales de la década de 1960 hemos podido medir los neutrinos solares, demostrando la existencia de procesos de fusión del hidrógeno en el interior del Sol.

Cuando una estrella se forma a partir de la materia producida por estrellas anteriores, incluyendo las explosiones de supernovas, posee una cantidad suficiente de metales para que otras reacciones nucleares de fusión puedan competir con la cadena pp. Un modo alternativo de convertir hidrógeno en helio es el llamado ciclo CNO (carbono-nitrógeno-oxígeno), un conjunto de reacciones que solo puede ocurrir si en una estrella ya existen núcleos de estos tres elementos. Además, el ciclo CNO necesita temperaturas más altas que en el caso de la cadena pp, del orden de 17 millones de grados, para poder superar la creciente barrera electrostática entre núcleos con más protones. En el Sol, el ciclo CNO produce menos del 1% de la energía generada en las reacciones de fusión, pero es la forma dominante de producir helio-4 en estrellas de mayor masa.

FIGURA **20**
**Representación del proceso nuclear que domina en estrellas más masivas que el Sol: el ciclo CNO (carbono, nitrógeno y oxígeno). El resultado neto es el mismo que en la cadena pp.**

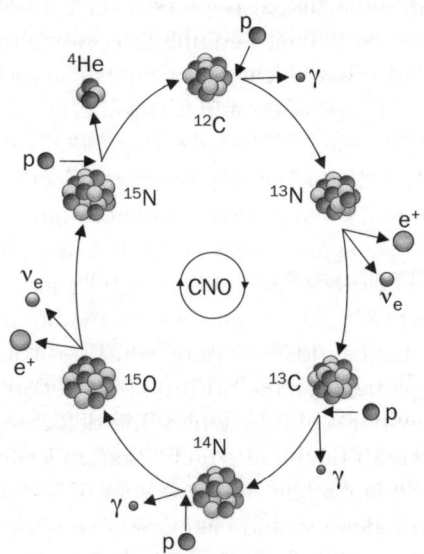

En el ciclo CNO (figura 20), los núcleos de los tres elementos actúan como catalizadores, es decir, forman parte de las reacciones que convierten los protones en helio, pero no se consumen. Por ejemplo, si iniciamos el ciclo con el carbono-12, vemos que puede capturar un protón para dar lugar al nitrógeno-13, que a su vez experimenta un proceso de tipo β+ para producir carbono-13. Tras dos nuevas reacciones de captura de protones llegamos al oxígeno-15, que también sufre un proceso β+ y se convierte en nitrógeno-15. La última de las seis etapas del ciclo es la captura de un nuevo protón para regresar al carbono-12 inicial, creando un núcleo de helio-4. Al final, tanto el ciclo CNO como la cadena pp tienen el mismo resultado neto: convierten cuatro protones en un núcleo de helio-4 emitiendo positrones, fotones y neutrinos. En 2020 se presentó la primera evidencia experimental de la existencia de neutrinos producidos en el Sol a través del ciclo CNO, medidos en el detector Borexino en un laboratorio subterráneo en Italia, situado bajo 1400 metros de roca.

Inicialmente, una estrella contiene solo los núcleos más ligeros del ciclo (el carbono-12), que darán lugar al resto de isótopos del carbono, oxígeno y nitrógeno. Una vez las reacciones lleguen al equilibrio, se fijan las cantidades relativas de los distintos isótopos como, por ejemplo, la relación entre las abundancias de $^{12}$C y $^{13}$C. Si la temperatura estelar es todavía mayor, pueden ocurrir otros ciclos anexos al CNO que incluyen núcleos de otros elementos más pesados, como el flúor.

## Más allá de la secuencia principal

Las estrellas cambian muy poco durante su estancia en la secuencia principal, ya que la conversión de hidrógeno en helio es un proceso lento y estable. Sin embargo, con el tiempo el núcleo estelar se contrae ligeramente, provocando un aumento de temperatura que acelera algo las reacciones nucleares y, por tanto, una mayor producción de energía. Poco a poco, las capas más externas de la estrella se van expandiendo para mantener el equilibrio hidrostático, dando lugar a un leve aumento de la luminosidad y a un descenso de la temperatura superficial. En el caso del Sol, en la actualidad es algo mayor y más luminoso que en el pasado, y el 60% de sus capas más internas está formado por helio.

Una estrella abandonará la secuencia principal una vez consuma parte de su hidrógeno (para el Sol, alrededor del 10%) y la fusión ya no sea tan efectiva en su núcleo. Al disminuir la presión hacia el exterior, el núcleo estelar se contrae más y aumenta su temperatura, lo que conduce a la fusión del hidrógeno en una capa externa del núcleo relativamente estrecha. Esta fusión en capa del hidrógeno produce más energía que durante la fase en la secuencia principal, aumentando la presión y provocando la expansión de las regiones más externas de la estrella, mientras mantiene su luminosidad. La estrella se separa de la secuencia principal realizando un movimiento horizontal hacia la derecha en el diagrama H-R, como se muestra para el Sol en la figura 21.

FIGURA 21
Evolución de una estrella como el Sol en el diagrama H-R tras abandonar la secuencia principal.

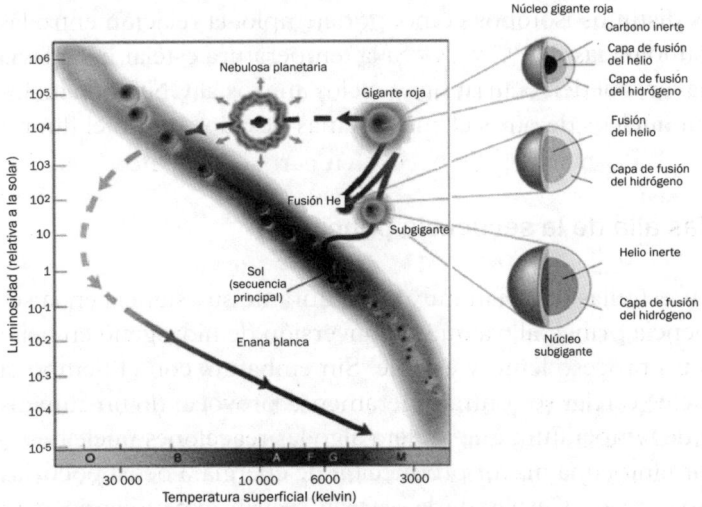

Cada vez más grandes y con una superficie más fría, las estrellas permanecen un tiempo relativamente corto en esta fase de subgigante. Mientras, el transporte de energía hacia el exterior es cada vez más efectivo, gracias a al fenómeno conocido como convección. La masa del núcleo aumenta con la fusión en capa del hidrógeno, creciendo también la luminosidad de la estrella y la expansión de sus capas exteriores, que asciende verticalmente en el diagrama H-R hasta alcanzar la fase de gigante roja. En esta etapa la estrella presenta una envoltura externa de densidad muy baja y muy alejada del núcleo, que puede expulsarse fácilmente. Al mismo tiempo el núcleo estelar se comprime y se calienta, siendo cada vez más rico en helio. Una vez su temperatura llega a unos 100 millones de grados, una nueva cadena de reacciones nucleares de fusión comienza, pero esta vez partiendo de núcleos de helio.

## Fusión del helio

No todas las estrellas llegan a la fase de fusión del helio para dar carbono y oxígeno, dos de los elementos importantes para la existencia de la vida. Son necesarios valores muy altos de temperatura (de entre 100 y 200 millones de grados) y densidad ($10^5$-$10^8$ kg m$^{-3}$) que solo ocurren en el núcleo de una gigante roja cuando su masa es superior, aproximadamente, a la mitad de la solar.

La conversión de helio-4 en carbono-12 sucede en tres etapas:

- Reacción 1:   $^4He + {}^4He \leftrightarrow {}^8Be$
- Reacción 2:   $^4He + {}^8Be \leftrightarrow {}^{12}C^*$
- Reacción 3:   $^{12}C^* \rightarrow {}^{12}C + \gamma$

En el primer paso, dos núcleos de helio-4 se unen y forman otro de berilio-8. La masa de este núcleo es ligeramente mayor que dos veces la masa del helio-4, así que esta reacción es endotérmica (que consume calor) y necesita de una pequeña cantidad de energía. Para producirse, los dos núcleos de $^4$He deben acercarse con la suficiente energía cinética combinada, algo que solo sucede si la temperatura supera los 100 millones de grados. Por otra parte, el núcleo de berilio-8 es muy inestable: se rompe en dos de helio-4 cuando, en promedio, solo han pasado unos $10^{-16}$ segundos. Este es, precisamente, el último paso de la rama ppIII de la cadena pp.

Para continuar el proceso, es necesario que un núcleo de helio-4 se una a otro de berilio-8, un paso que también requiere un aporte de energía y que debe suceder muy rápido, antes de que el $^8$Be se desintegre. Esta segunda etapa crea un núcleo de carbono-12 en un estado de energía por encima de su estado fundamental, llamado excitado y que se indica con un asterisco ($^{12}$C*). Nada se sabía de este estado excitado del carbono-12 cuando el famoso astrónomo británico Fred Hoyle (1915-2001), que tuvo posturas algo polémicas con respecto a otras cuestiones científicas, predijo en 1954 su existencia para poder explicar la producción del carbono en las estrellas.

La cadena se completa cuando uno de cada 2500 núcleos de $^{12}$C*, en lugar de partirse de nuevo en helio-4 y berilio-8, experimenta un proceso de emisión gamma y pasa al estado fundamental del carbono-12. Se cierra así la conversión de helio en carbono, cuyo resultado neto (la suma de las tres reacciones anteriores) es el siguiente: 3 $^4$He $\rightarrow$ $^{12}$C. Por esta razón, llamamos triple-alfa al proceso que da lugar al carbono-12 a partir del helio-4 en las estrellas.

Una vez formada una cantidad suficiente de carbono, la creación de elementos puede continuar en una estrella si la temperatura en su núcleo es lo suficientemente alta. La siguiente etapa sería la unión de dos núcleos de $^4$He y $^{12}$C para producir uno de los isótopos del oxígeno: $^4$He + $^{12}$C $\rightarrow$ $^{16}$O + $\gamma$. Sin embargo, la obtención de elementos más pesados mediante la adición de sucesivos núcleos de helio-4 (dando lugar a $^{20}$Ne, $^{24}$Mg...) es extremadamente rara porque la barrera electrostática es cada vez mayor.

La fusión del helio en el núcleo de una gigante roja proporciona una nueva etapa de estabilidad, pero más corta que la fase de fusión del hidrógeno. En el caso del Sol, se cree que tendrá una duración de unos 100 millones de años. Tanto para nuestra estrella como para aquellas con una masa por debajo de unas ocho veces la solar, la generación de energía en el núcleo termina con la fusión del helio y no permite producir elementos más pesados que el carbono y el oxígeno.

La evolución de la estrella continúa con dos tipos de fusión en capa: la del hidrógeno en la parte exterior del núcleo y la del helio en la región intermedia. La parte central del núcleo es, sin embargo, inerte, al estar formada por carbono y oxígeno (figura 21). La luminosidad sigue creciendo y la estrella vuelve a ascender en el diagrama H-R hasta la región conocida como rama asintótica gigante, donde una estrella como el Sol tendrá un brillo mil veces superior al actual.

En esta fase, se cree que nuestra estrella sufrirá varios periodos de inestabilidad, con nuevos aumentos de luminosidad y tamaño, mientras que su masa seguirá disminuyendo hasta ser la mitad de la inicial, y perderá completamente su envoltura exterior, dejando su núcleo al descubierto. En la última fase de su evolución, conocida como nebulosa planetaria, el Sol dará lugar a una envoltura en expansión de plasma y gas ionizado, mientras su núcleo se convertirá en una enana blanca.

Una enana blanca es un remanente de una estrella no muy masiva que ha agotado su combustible nuclear. Se trata de un objeto muy denso y caliente, con un tamaño comparable al de la Tierra pero con la mitad de la masa solar, donde ya no se producen reacciones de fusión nuclear, pero que se mantiene estable gracias a la llamada presión de degeneración de los electrones, un proceso independiente de la temperatura que se origina por el principio de exclusión de Pauli. La enana blanca continuará emitiendo lentamente la energía almacenada hasta que se agote. En ese momento, se convertiría en una enana negra, un astro que todavía no hemos comprobado que exista porque se cree que el universo es demasiado joven para alojar cuerpos celestes de este tipo.

# CAPÍTULO 5

# Síntesis estelar de los elementos pesados

El proceso físico fundamental en la creación de nuevos elementos es la fusión nuclear, que además es la responsable de evitar el colapso estelar. A través de la fusión se pueden llegar a formar hasta oxígeno y carbono en ciertas etapas de la evolución de las estrellas con masa parecida a la del Sol. ¿En qué clase de estrellas se forman elementos más pesados, como el silicio o el hierro?

Por otra parte, hemos visto que la fusión nuclear es un proceso que emite energía, pero únicamente hasta formar elementos en el entorno del hierro. ¿Qué otros procesos pueden llevar a la creación de elementos más allá del hierro? Para entender cómo se forman los elementos más pesados, en este capítulo exploraremos el papel crucial de las estrellas masivas, que pueden culminar sus últimas etapas evolutivas en explosiones de supernova. Estos cataclismos cósmicos no solo dispersan los elementos sintetizados durante la vida de la estrella, sino que también generan las condiciones extremas necesarias para la creación de elementos por encima del hierro. La fusión deja de ser viable como fuente de energía en estas etapas, pero los procesos de captura de neutrones toman el relevo, construyendo núcleos atómicos aún más complejos.

Además, analizaremos otros entornos astrofísicos donde se producen elementos pesados. Desde los discos de acreción en sistemas binarios hasta las colisiones de estrellas de neutrones, estos eventos violentos son responsables de algunos de los elementos más raros y valiosos del universo, como el oro y el platino. Este capítulo muestra cómo la evolución y la muerte de las estrellas desempeñan un papel fundamental en la diversidad química del cosmos, conectando la física nuclear con la astrofísica.

Como vimos en el capítulo anterior, en la última fase de su evolución nuestro Sol perderá hasta la mitad de su masa inicial por eyección de materia. Su envoltura exterior se desprenderá formando una nebulosa planetaria, mientras que su núcleo acabará siendo una enana blanca. La materia en la enana blanca se compone en su mayor parte de átomos de oxígeno y carbono ionizados, que flotan inmersos en una especie de gas de electrones que se mueven rápidamente. Es la presión de este gas de electrones la que contrarresta la acción de la gravedad y evita la implosión de un objeto que ya es bastante compacto. La densidad en una estrella enana blanca es inmensa, típicamente $10^9$ kg/m$^3$, esto es, alrededor de un millón de veces la densidad del agua. Para hacernos una idea de lo que esto significa: una cucharadita de la materia de una enana blanca pesa alrededor de 5,5 toneladas, similar al peso de un elefante.

La magnitud clave que determina que una estrella acabe así, como enana blanca de carbono-oxígeno, o que pueda pasar por más etapas evolutivas en las que emite energía debido a la fusión nuclear del carbono y el oxígeno, es la masa de la estrella cuando se encuentra en secuencia principal. Si tiene una masa de hasta ocho veces la del Sol, su destino es el que ya hemos descrito para nuestra estrella: envejecer y desvanecerse de forma relativamente pacífica. Sin embargo, si la estrella presenta entre 8 y 10 masas solares, la cosa cambia. Y si todavía es más pesada, su final aun va a ser más sorprendente. Estos casos son los que vamos a describir a continuación.

## Fusión del carbono

Las estrellas de poca masa descritas hasta ahora no alcanzan en ningún momento la temperatura necesaria para iniciar la combustión del carbono, aproximadamente 500 millones de grados (recordemos que el núcleo del Sol está a unos 15 millones de grados). Sin embargo, algunas estrellas que en la secuencia principal tenían una masa superior a ocho masas solares sí pueden alcanzar estas temperaturas en su núcleo de carbono cuando se convierten en gigantes rojas. Esto se debe a que, en general, estas estrellas llegan a formar un núcleo de carbono-oxígeno de más de 1,4 masas solares, el llamado límite de Chandrashekar. En ese caso, la gravedad es suficientemente intensa como para comprimir el núcleo venciendo a la presión que ejerce el gas de electrones que mencionamos antes. Este nuevo colapso gravitatorio del sistema introduce mucha energía térmica en el núcleo, lo que conduce a una temperatura superior a los 500 millones de grados necesarios para comenzar la fusión del carbono. De esta forma se producen nuevas reacciones nucleares, dando lugar a elementos más pesados. En la tabla 1 presentamos un resumen de los procesos de combustión que tienen lugar en estrellas masivas. La primera fila se refiere a la combustión del carbono en estrellas de entre 8 y 10 masas solares. El resto, a los procesos que suceden en estrellas más masivas y en fases más tardías de la evolución estelar.

| COMBUSTIÓN DEL | TEMPERATURA DEL NÚCLEO Y MASA MÍNIMA DE LA ESTRELLA | PRINCIPALES REACCIONES | ESCALA TEMPORAL |
|---|---|---|---|
| carbono | $5 \times 10^8$ K y 8 M$\odot$ | $^{12}C + {}^{12}C \rightarrow {}^{20}Ne + {}^4He$ <br> $^{12}C + {}^{12}C \rightarrow {}^{23}Na + p$ <br> $^{12}C + {}^{12}C \rightarrow {}^{23}Mg + n$ | 500 años |
| neón | $10^9$ K y 10 M$\odot$ | $^{20}Ne + \gamma \rightarrow {}^{16}O + {}^4He$ <br> $^{20}Ne + {}^4He \rightarrow {}^{24}Mg + \gamma$ | ~1 año |
| oxígeno | $2 \times 10^9$ K y 10 M$\odot$ | $^{16}O + {}^{16}O \rightarrow {}^{28}Si + {}^4He$ <br> $^{16}O + {}^{16}O \rightarrow {}^{31}S + n$ | Meses |
| silicio | $3 \times 10^9$ K y 11 M$\odot$ | Fotodisociación del $^{28}Si$ en protones, neutrones y helio-4, seguida de recombinación para formar núcleos más pesados | ~1 día |

Las estrellas con una masa por encima de ocho veces la solar llegan a la combustión del carbono y producen un núcleo inerte de neón y magnesio, que contiene también parte del oxígeno creado en la etapa anterior. Una estrella de este tipo, una gigante roja que denominamos estrella super-AGB, continuará quemando carbono durante varios cientos de años, hasta que disminuya tanto que su combustión empiece a ser insuficiente para soportar el peso de la gravedad. Y nos encontramos como al principio del capítulo: dependiendo de la masa que tuviera la estrella en secuencia principal, el núcleo puede colapsar pasando a nuevas etapas de combustión, o simplemente perder las capas externas y terminar siendo una enana blanca de oxígeno-neón.

## Estrellas masivas: supergigantes rojas

En el caso que la estrella en secuencia principal tenga ya una masa superior a 10 masas solares, llegará a agotar todas las posibles formas de combustión por fusión hasta llegar al hierro. Estas estrellas masivas llegan a ser supergigantes rojas, con una estructura interna de capas, en forma de cebolla, compuestas por los elementos que han ido produciéndose en las diferentes etapas de combustión. La figura 22 representa una supergigante roja de este tipo, y vemos que en las capas más externas se encuentran el hidrógeno y helio, los elementos protagonistas de la evolución estelar en secuencia principal. Según nos movemos hacia el centro, vamos encontrando otras capas con diferente composición química. Es importante hacer notar aquí cómo se aceleran los procesos conforme se van produciendo elementos más pesados. La combustión del neón y el oxígeno hasta conseguir un núcleo de silicio que empiece también a reaccionar dura solo unos meses.

Finalmente, una vez se ha formado un núcleo estelar de silicio suficientemente masivo, cuando las reacciones de fusión del oxígeno y del neón comienzan a ralentizarse por falta de combustible, el silicio comienza a sufrir diferentes procesos de transformación que no duran más de un día aproximadamente.

FIGURA 22
Esquema de la estructura en capas (no a escala real)
de una estrella supergigante roja con una masa inicial
superior a unas diez veces la solar.

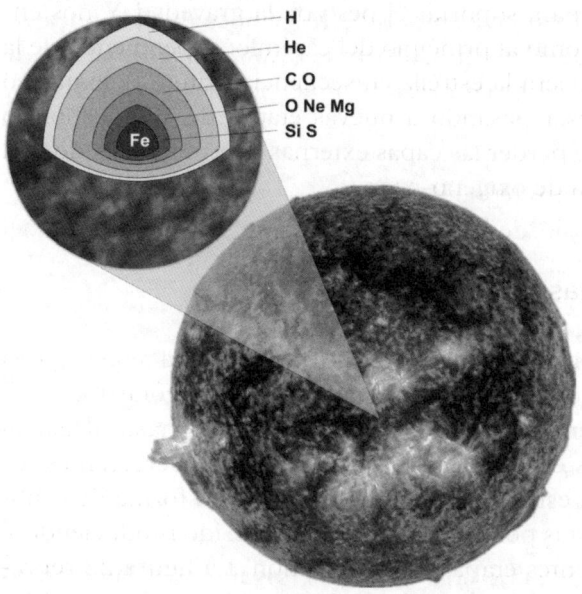

Al contrario que en la combustión del hidrógeno o del carbono, donde se produce la fusión de dos núcleos iguales, el caso de la combustión de silicio es muy particular. Debido a que ya estamos hablando de núcleos con una carga considerable (el del silicio contiene 14 protones, mientras que solo hay dos, cuatro y ocho en los núcleos de helio, carbono y oxígeno, respectivamente), la repulsión electrostática (coulombiana) ya es suficientemente grande para que otros procesos nucleares tengan lugar antes que la fusión. En un entorno de altísima temperatura, existen fotones con energía lo suficientemente grande para romper los núcleos de silicio mediante un proceso conocido como fotodesintegración. De esta manera, se crea una mezcla de nuevos núcleos de helio-4 y nucleones libres, tanto protones como neutrones, que pueden combinarse de nuevo para formar núcleos más pesados que el del silicio. Por esta razón también se dice que durante esta etapa el silicio se funde para después formar elementos más pesados. Se trata de una fase de la evolución estelar muy rápida: termina tras aproximadamente un día. A continuación, veamos varios ejemplos de reacciones de fusión tras la fotodesintegración del silicio que llevan a la formación de nuevos elementos más pesados como, por ejemplo, el hierro y el níquel:

1. Fotodesintegración: $^{28}Si + \gamma \rightarrow {}^{24}Mg + {}^{4}He$
2. Ejemplo de cadena de recombinaciones a partir del $^{28}Si$ y el $^{4}He$:
   a) $^{28}Si + {}^{4}He \leftrightarrow {}^{32}S + \gamma$
   b) $^{32}S + {}^{4}He \leftrightarrow {}^{36}Ar + \gamma$
   c) $^{36}Ar + {}^{4}He \leftrightarrow {}^{40}Ca + \gamma$
   d) $^{40}Ca + {}^{4}He \leftrightarrow {}^{44}Ti + \gamma$
   e) $^{44}Ti + {}^{4}He \leftrightarrow {}^{48}Cr + \gamma$
   f) $^{48}Cr + {}^{4}He \leftrightarrow {}^{52}Fe + \gamma$
   g) $^{52}Fe + {}^{4}He \leftrightarrow {}^{56}Ni + \gamma$

Durante la fase final de la supergigante roja, la combustión del silicio implica reacciones adicionales como la captura de neutrones o protones. En el núcleo de una estrella masiva, todos estos procesos suceden en equilibrio estacionario y pueden ocurrir en ambas direcciones, lo que se refleja en las flechas dobles en la cadena de reacciones a) - g). Por ejemplo, puede darse tanto la captura de un núcleo de helio-4 para formar otro más pesado, como la fotodesintegración de un núcleo para producir otro más ligero. Este estado se conoce como equilibrio estadístico nuclear, donde la producción de diferentes núcleos está determinada por las diferencias en sus energías de enlace, favoreciendo una mayor abundancia de los núcleos más estables, especialmente aquellos con un número másico cercano a 56. Dicho de otra manera: si representamos las abundancias de los elementos que observamos en el sistema solar como función de su masa, veremos un pico en el gráfico alrededor de la masa 56, conocido como el pico de hierro. Este pico incluye isótopos de elementos desde el titanio hasta el zinc. Veremos esta representación más adelante en este capítulo.

Sabemos desde el capítulo 2 que el pico del hierro marca la frontera entre los núcleos que desprenden energía al fusionarse con otros y los que no. Más allá de este frontera, la fusión de núcleos de estos elementos u otros más pesados ya no va a resultar energéticamente favorable para el equilibrio de una estrella, es decir: como son procesos que no desprenden energía, sino que la consumen, ya no sirven para contrarrestar la atracción gravitatoria que experimenta toda la estrella debido a su enorme masa, lo que le empuja a colapsar. Dicho de otra manera, una vez se forma el núcleo de hierro en la supergigante roja, ya se ha alcanzado la última etapa, dominada por reacciones de fusión nuclear. Cuando se vaya agotando el combustible de silicio, llegará un momento en que la repulsión debida a las reacciones nucleares de fusión de las capas alrededor del núcleo de hierro no sea suficiente para contrarrestar el peso de la gravedad. En un cierto momento, la estrella comenzará a contraerse, pero esta vez la energía gravitatoria no producirá la ignición de una nueva fusión nuclear como en anteriores ocasiones: la estrella va a implosionar sin remedio.

## Supernovas

En todas las etapas de las estrellas descritas anteriormente, cuando los núcleos atómicos chocan entre sí y se fusionan, se libera energía que fluye desde el centro de la estrella hacia las capas exteriores y sustenta el tremendo peso del material que forma la estrella. Esta energía es consecuencia de la fuerza nuclear fuerte de atracción entre neutrones y protones. Sin embargo, como acabamos de recordar en la sección anterior, la emisión de energía en la fusión nuclear no va a suceder para núcleos más pesados que los del hierro o el níquel, así que el núcleo de hierro de la supergigante roja nunca entrará en combustión por fusión nuclear.

Durante estos últimos días de la estrella, el núcleo de hierro inerte, en el cual no se están llevando a cabo reacciones de fusión nuclear, está rodeado, por supuesto, por capas de silicio, oxígeno, neón, carbono, helio e hidrógeno en combustión. El núcleo, que podemos asumir que es como una enana blanca rodeada por las capas externas de una estrella gigante roja, está soportado por la presión de sus electrones degenerados, como vimos en la primera sección de este capítulo. Sin embargo, hay que recordar que existe un límite superior a la masa de una estrella enana blanca, el llamado límite de Chandrasekhar, cuyo valor es de aproximadamente 1,4 masas solares. Cuando el núcleo supera este límite, su peso se vuelve demasiado grande para ser soportado por los electrones degenerados y colapsa. La primera consecuencia de esta contracción violenta del núcleo de la estrella es la llamada neutronización: los electrones reaccionan con los protones de los núcleos de hierro y los transforman en neutrones ($e^- + p^+ \rightarrow n + \nu$). En estas reacciones desaparecen electrones y protones para dar lugar a un flujo enorme de neutrones y neutrinos que será muy relevante en la siguiente sección. La presión del gas de electrones, que mantenía su núcleo en equilibrio, es cada vez menor, con lo que la presión de la gravedad acelera cada vez más el colapso.

Llegados a este punto, en alrededor de un segundo el núcleo de la estrella pasa de tener un radio de miles de kilómetros a uno de unos 50 km. Luego, en unos pocos segundos más, se reduce a un radio de 5 km. La temperatura central también aumenta durante este tiempo a alrededor de 500 millones de grados. La energía gravitacional liberada como resultado del colapso del núcleo estelar es equivalente a la luminosidad del Sol durante varios miles de millones de años. Junto a la radiación gamma, la mayor parte de esta energía se emite en forma de neutrinos, que se crean debido a la temperatura extrema del núcleo. Una fracción de segundo más tarde, la parte central del núcleo, de entre 0,6 y 0,8 masas solares, alcanza una densidad similar a la de un núcleo de hierro: $4 \times 10^{27}$ kg m$^{-3}$. En este momento, la parte central del núcleo, formada prácticamente por neutrones, se vuelve completamente rígida y no puede contraerse más: el resultado se puede considerar ya como un objeto muy compacto, al que nos referimos como estrella de neutrones. El resto del núcleo que estaba implosionando chocará con esta parte central y rebotará provocando una enorme onda de choque hacia fuera que empujará al resto de materia de la estrella, expulsándola de forma muy violenta a varios miles de kilómetros por segundo.

Una supernova es el fenómeno explosivo más energético del universo. Típicamente desprende una energía de unos $10^{46}$ J, es decir, en unos segundos emite la energía equivalente a la que emitiría el Sol en 4500 millones de años. Pero es importante recalcar que la explosión de una supernova de una estrella masiva (llamada de tipo II) es de origen hidrodinámico. Se trata del rebote de una enorme cantidad de materia contra un núcleo rígido, por lo que esta explosión no se debe a ninguna reacción nuclear en absoluto.

## Procesos de captura de neutrones

Sabemos que en una supernova de tipo II hasta aproximadamente el 95% del material que compone la estrella puede ser eyectado hacia el medio interestelar y, por supuesto, será utilizado en la formación de futuras generaciones de estrellas. El 5% restante se queda en lo que denominamos remanente de la supernova, del que hablaremos luego. Sin embargo, antes de que toda esta cantidad de materia formada por elementos hasta el hierro sea eyectada, se comprime tanto que pueden ocurrir nuevas reacciones nucleares en su interior, las que forman todos los elementos que son más pesados que el hierro.

Recordemos que, debido a la neutronización descrita en la sección anterior, durante el colapso de la estrella en la supernova, en el núcleo de hierro y las capas de alrededor existe un enorme flujo de neutrones. Como carecen de carga eléctrica, de ahí su nombre, los neutrones no sienten atracción ni repulsión electrostática con las partículas o los núcleos que los rodean. En estas condiciones de materia extremadamente comprimida y flujos de neutrones enormes, tienen lugar las reacciones de captura neutrónica.

En este proceso de captura, un núcleo absorbe un neutrón individual del medio estelar que, al ser una partícula neutra, no experimenta la repulsión electrostática. Cuando sucede, el núcleo normalmente emite un fotón, y además aumenta su número de nucleones o número másico (A) en una unidad. Este resultado es fácil de observar cuando se representa en una ampliación de la tabla de los núcleos, como se muestra en la figura 23. Una captura neutrónica implica un desplazamiento hacia la casilla de la derecha, pero, dado que el número de protones no cambia, el núcleo final sigue siendo del mismo elemento químico. Por ejemplo, si partimos del bromo-81, la captura de un neutrón lo convierte en bromo-82. Dicho así tenderíamos a pensar que este proceso no crea nuevos elementos, sino nuevos isótopos del mismo elemento, y hasta aquí es cierto. Sin embargo, si el nuevo isótopo es estable, al estar sometido al mismo flujo de neutrones, eventualmente atrapará de nuevo un neutrón, y esto seguirá sucediendo hasta llegar a un isótopo con exceso de neutrones, tanto como para ser inestable (radiactivo). Como vimos en el capítulo 2, este isótopo con exceso de neutrones sufrirá una desintegración beta negativa, al transformar un neutrón en protón emitiendo un electrón. A través de este proceso de desintegración beta sí que cambia el número atómico, es decir, el número de protones del núcleo. Dicho de otra manera, esta reacción sí cambia de elemento químico. Es la combinación de una o varias capturas neutrónicas con la desintegración beta lo que nos lleva a sintetizar nuevos elementos más allá del hierro en la explosión de una supernova. Elementos como el estaño, el oro, el plomo o el uranio, por nombrar algunos de los más conocidos, son producidos de esta manera, por captura de neutrones, bien en una supernova o en algún otro evento astrofísico que implique grandes flujos de neutrones, como veremos después.

Figura 23

Nucleosíntesis en la región de la carta de los núcleos de 46 a 60 neutrones y de 35 a 42 protones. Las letras (*p, r, s*) en cada isótopo estable indican qué proceso o procesos son responsables de su creación. El camino que recorre el proceso lento de captura de neutrones transcurre cercano al valle de estabilidad, mientras que las flechas discontinuas muestran las desintegraciones hacia los núcleos estables que marcan el fin del proceso rápido.

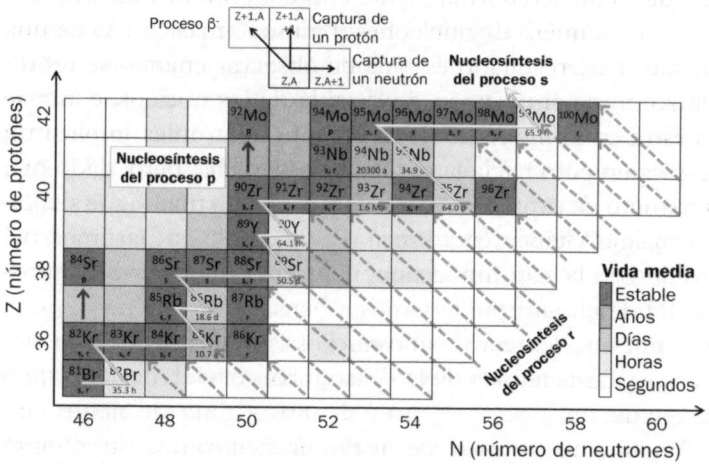

En el entorno estelar distinguimos entre dos procesos de captura neutrónica que dan lugar a nucleosíntesis: los llamados procesos s, de captura lenta de neutrones (*s* por *slow*), y los procesos r, de captura rápida de neutrones (*r* por *rapid*). Para entender cuándo domina uno u otro, planteemos lo siguiente: cuando un núcleo atrapa un neutrón y se crea un isótopo inestable, ¿qué sucederá primero, la desintegración beta o la captura de un nuevo neutrón? El ritmo de la desintegración beta está determinado únicamente por las características del isótopo correspondiente y está regido exclusivamente por la física nuclear. Por el contrario, la probabilidad de que ocurra una captura de neutrones depende también del medio en el que se encuentre el núcleo, en concreto del flujo de neutrones en dicho entorno. Por lo tanto, la competición entre la absorción de neutrones adicionales y la desintegración beta determina el curso de la nucleosíntesis de elementos pesados mediante la captura de neutrones. Dependerá del flujo de neutrones que el proceso se aleje mucho de la estabilidad por captura rápida de neutrones (indicado con proceso r en la figura 23), o bien que se mueva en un entorno de núcleos inestables pero de vida media larga cercanos a la estabilidad, a través de la captura lenta de neutrones (camino de color blanco debido al proceso s en la figura 23).

Ahora que conocemos los procesos de captura neutrónica que pueden llevar a la formación de elementos más allá del hierro, cabe preguntarse dónde suceden en el entorno estelar. Como hemos visto en la sección anterior, en las supernovas originadas por estrellas masivas tienen lugar grandes flujos de neutrones debido al proceso de neutronización y a la explosión que le sucede. Es natural pensar, pues, que las supernovas son entornos donde tiene lugar el proceso r de captura rápida de neutrones.

Por otra parte, el proceso s de captura lenta de neutrones se da en fases tardías de la combustión estelar, después de la fusión del hidrógeno en el núcleo, cuando las estrellas se han convertido en gigantes. En las fases subsiguientes de la fusión del helio, cuando en la estrella ya hay presencia de oxígeno, carbono, neón y magnesio, se producen nuevas reacciones que pueden liberar neutrones. Un ejemplo típico y simple es la fusión del neón-22 con helio-4, que da lugar al magnesio-25 y libera un neutrón:

$$^{22}Ne + {^4}He \rightarrow {^{25}}Mg + n$$

Los neutrones de esta fuente llegan al núcleo central de estrellas masivas y pueden formar núcleos hasta de plomo y bismuto, dependiendo de los elementos que haya presentes en la estrella en la fase de combustión del helio. El proceso s, moviéndose cerca de la estabilidad, como veíamos en la figura 23, no puede ir más allá de estos elementos, ya que alcanza regiones de desintegración alfa en la carta de los núcleos, que no permiten crear aquellos más pesados. Para traspasar la barrera del plomo y el bismuto es necesario el flujo de neutrones que se da en las supernovas y que da lugar al proceso r.

En la figura 24 vemos la abundancia relativa de los diferentes isótopos estables de los distintos elementos químicos como función de su número másico A. Se dice abundancia relativa porque se expresa como proporción respecto a la abundancia de hidrógeno. El símbolo utilizado para cada punto representa su modo de síntesis. Por ejemplo, los triángulos grises se deben al proceso r, mientras que los círculos se forman en equilibrio estadístico nuclear (NSE, por sus siglas en inglés) y forman el pico del hierro que explicamos antes. Por encima de la masa 60 toda la nucleosíntesis viene dominada por los procesos de captura neutrónica r y s.

FIGURA **24**
**Abundancias de los isótopos estables de los elementos (en relación al hidrógeno y en escala logarítmica), en función del número de sus nucleones. Se indica, en cada caso, el modo principal de su síntesis.**

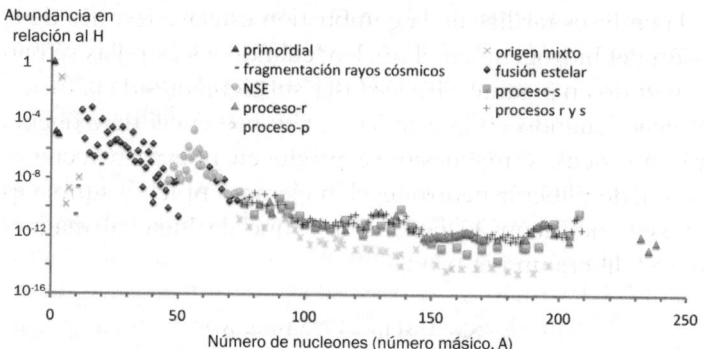

## Otros entornos astrofísicos de nucleosíntesis por captura de neutrones y de protones

Las reacciones de fusión en las diferentes etapas de combustión de las estrellas, y las supernovas en su etapa final, son la mayor fuente de síntesis de elementos en el universo. Sin embargo, estos calderos cósmicos, como se les llama en ocasiones, no son los únicos entornos astrofísicos donde se *cocinan* elementos químicos.

En este capítulo, al hablar de supernovas, nos hemos referido al núcleo fuertemente neutronizado como el remanente, es decir, lo que queda tras la explosión. Recordemos que el núcleo de la supergigante roja, justo antes de la supernova, está formado por hierro extremadamente comprimido que, debido a la reacción con los neutrinos del entorno, sufre un proceso de neutronización ($e^- + p^+ \rightarrow n + \nu$). Esa enorme masa, de densidad extrema y formada principalmente por neutrones, es lo que llamamos estrella de neutrones. Es un objeto compacto tan masivo que el campo gravitatorio a su alrededor es enorme, así que no es extraño que las estrellas de neutrones se encuentren en su mayoría formando sistemas binarios con otras estrellas. En estos sistemas es habitual que sus componentes intercambien masa, lo que conduce a que las dos estrellas estén cada vez más cerca y, normalmente, a que acaben fusionándose en un único objeto estelar. Esta fusión de dos estrellas de neutrones es otro escenario astrofísico que libera una cantidad muy grande de energía, aunque no tanto como la de una supernova. De hecho, se le llama kilonova, y en ella el flujo de neutrones es tan grande que da lugar al proceso de captura rápida de neutrones.

Por primera vez en la historia, en agosto de 2017 se detectaron las ondas gravitacionales procedentes de la fusión de dos estrellas de neutrones, en un observatorio muy especial llamado LIGO, basado en un complejo sistema de interferometría láser. Por el tipo de señal detectada, pudieron deducir que las ondas habían sido producidas por la fusión de dos estrellas de neutrones y no de dos agujeros negros, lo que ya se había observado desde 2015. Según la revista *Science,* fue el descubrimiento más importante del año 2017, y ese mismo año el Premio Nobel de Física se otorgó a tres científicos que idearon el experimento LIGO: Kip Thorne, Barry Barish y Rainer Weiss.

Sin embargo, lo interesante de este descubrimiento, en el contexto de este apartado, es que un investigador español, Gabriel Martínez Pinedo, había calculado los elementos que se sintetizarían en una fusión de estrellas de neutrones, denominada kilonova, y la energía que se liberaría en esta. Estos datos fueron utilizados después para calcular la emisión de luz y el espectro electromagnético durante la kilonova. Horas después de que LIGO midiese las ondas gravitacionales procedentes de una kilonova, cuando otros observatorios detectaron las curvas de luz y los espectros electromagnéticos, todo cuadraba muy bien con la predicción de Martínez Pinedo para la nucleosíntesis de elementos pesados mediante la captura de neutrones. De hecho, esta fue la primera observación directa de nucleosíntesis por el proceso r, debido a la captura rápida de neutrones. Como curiosidad podemos comentar que las predicciones del investigador español decían, entre otras cosas, que en ese evento tipo kilonova se debía producir 100 veces la masa de la Tierra… en oro. Estos cálculos, corroborados por observaciones multimensajero de las ondas gravitacionales correlacionadas con el espectro electromagnético, confirmaron que buena parte de la materia que compone el sistema solar, la Tierra, y de hecho a nosotros mismos, se formó hace mucho tiempo por una parte en supernovas, y por otra en la fusión de estrellas de neutrones.

Antes de acabar este capítulo debemos mencionar otro proceso de síntesis de elementos en entornos estelares. Para ello, fijémonos de nuevo en la figura 23, en concreto en el lugar que ocupan los isótopos estroncio-84 y molibdeno-92. Partiendo de los demás núcleos estables que hay en la figura, no hay forma de llegar hasta estos dos por captura de neutrones seguida de desintegración beta. Tampoco se puede llegar a ellos a través de la fusión nuclear, pues sabemos que finaliza en el entorno del hierro-56. La única forma de sintetizar estos núcleos es la captura de protones o proceso p. En el diagrama de la figura 23, la captura de protones nos llevaría de un núcleo a otro de mayor Z a través de una línea vertical hacia arriba. Así, podríamos llegar al estroncio-84 y al molibdeno-92 mediante la captura de dos protones desde el kriptón-82 y el zirconio-90, respectivamente. Como los protones son partículas cargadas, sienten la repulsión electrostática de los núcleos que tienen cerca, así que su captura va a ocurrir con mucha menos probabilidad que el proceso de captura de neutrones. Únicamente en situaciones con grandes flujos de protones con energía suficiente para superar esta repulsión debida a la carga podría ocurrir el proceso p. Estos entornos se dan, por ejemplo, en explosiones de supernovas como las descritas antes en este capítulo (tipo II) y en otro tipo de supernovas debidas a la explosión de una enana blanca que atrapa material de una compañera gigante roja en un sistema binario (tipo Ia).

# CAPÍTULO 6

# Los elementos superpesados

En el año 2016, la tabla periódica se vio incrementada en cuatro nuevos elementos químicos, de los llamados superpesados, sintetizados artificialmente en instalaciones muy complejas con grandes aceleradores de iones. A día de hoy contamos con una tabla periódica de 118 elementos, pero todavía no sabemos dónde está su límite o, dicho de otra manera: ¿cuál es el núcleo atómico más pesado que puede existir el tiempo suficiente como para atrapar electrones?

En este capítulo descubriremos el fascinante mundo de los elementos superpesados, aquellos que se sitúan más allá del uranio en la tabla periódica. Estos elementos desafían los límites de la estabilidad nuclear, y su existencia está profundamente ligada a la física de los núcleos atómicos y a la interacción de las fuerzas fundamentales. Abordaremos el concepto de la isla de la estabilidad, una región hipotética donde ciertos núcleos superpesados podrían ser lo suficientemente estables como para existir durante tiempos significativos. También discutiremos cómo se buscan evidencias de estos elementos en la naturaleza, además de las técnicas avanzadas utilizadas en laboratorios para sintetizarlos, desde la fusión nuclear en aceleradores hasta el estudio de sus propiedades químicas, que ponen a prueba los límites de nuestra comprensión de la química moderna.

Cuando en física o química se habla de elementos superpesados, también llamados transactínidos, normalmente nos referimos a elementos químicos caracterizados por un número atómico Z mayor que 103. Se llaman así porque el último de los elementos actínidos es el lawrencio ($Z = 103$), y este marcó durante décadas el final de la tabla periódica. Todos los núcleos superpesados que conocemos son radiactivos y han sido creados artificialmente en grandes laboratorios con aceleradores de iones pesados. Sin embargo, queda abierta la cuestión de si pueden producirse de forma natural, y por ello se han buscado trazas de estos elementos en meteoritos, como veremos más adelante.

Pero vayamos unos cuantos pasos atrás y, para motivar el estudio de los elementos superpesados, hagámonos las siguientes preguntas:

- ¿Cuál es el elemento más pesado que puede existir? ¿Dónde está el límite de la tabla periódica?
- ¿Existen núcleos superpesados con vidas medias suficientemente largas como para encontrarse en la naturaleza, o debemos producirlos de forma artificial?
- Al igual que hemos explicado para el resto de la tabla periódica, ¿los elementos superpesados se sintetizan en las estrellas?
- ¿Es la química de los superpesados similar a la del resto de la tabla periódica?

En lo sucesivo intentaremos explicar cómo afronta estas preguntas la ciencia nuclear y cuánto sabemos ya de las respuestas correspondientes. Y, para empezar, podemos remontarnos a los primeros esfuerzos por sintetizar elementos más allá del uranio, el más pesado encontrado en la naturaleza, allá por los años treinta del pasado siglo.

## Los transuránidos

El primero en lanzarse a la búsqueda de elementos más allá del 92, el uranio, fue el físico italiano Enrico Fermi en 1934, quien propuso un método para sintetizar elementos transuránidos bombardeando un blanco de uranio con neutrones. La idea era imitar el proceso de captura lenta de neutrones que se da en las estrellas (el proceso s explicado antes en el capítulo 5): si a la absorción de un neutrón le sigue un proceso de desintegración beta, el núcleo gana un protón y se suma una unidad al número atómico. Los investigadores del equipo de Fermi observaron enseguida núcleos radiactivos que asociaron erróneamente al descubrimiento de los elementos 93 y 94. Incluso llegaron a bautizarlos como hesperio y ausonio, respectivamente. Pero estaban equivocados. Lo que realmente midieron al bombardear uranio con neutrones fue la radiación proveniente de núcleos radiactivos más ligeros que se producían como resultado de la fisión del uranio. Fermi obtuvo el Premio Nobel de Física en 1938 "por su demostración de la existencia de nuevos elementos radiactivos producidos por la irradiación de neutrones y por su descubrimiento de las reacciones nucleares producidas por neutrones lentos". A Fermi le sobraban méritos para ganar uno o incluso más premios Nobel; sin embargo, lo obtuvo, en parte, por algo que realmente no había hecho.

Poco tiempo después del anuncio de Fermi, la química alemana Ida Noddack, la primera que mencionó la idea de la fisión nuclear, publicó un artículo donde señalaba que Fermi podía estar produciendo la fisión del átomo de uranio al bombardearlo con neutrones, en lugar de estar transformándolo en un elemento más pesado. Unos años después, los físicos austríacos Lise Meitner y Otto Frisch confirmaron la idea de Noddack, basándose en resultados experimentales previos de los químicos alemanes Otto Hahn y Fritz Strassmann.

La investigación en elementos pesados siguió su curso y, copiando la idea de Fermi, investigadores de la Universidad de Berkeley, en los Estados Unidos, sintetizaron el elemento

93, neptunio, en 1940. Algo más tarde ese mismo año, Glenn Seaborg modificó la técnica y esta vez bombardeó uranio con iones de deuterio (isótopo del hidrógeno formado por 1 protón y 1 neutrón). Consiguió así, también en Berkeley, sintetizar por primera vez plutonio, el elemento 94. Para acelerar el deuterio, Seaborg utilizó un acelerador de iones, el ciclotrón, que había sido inventado recientemente por Ernest Lawrence. Todavía hoy en día se utilizan ciclotrones, bastante más potentes y evolucionados, tanto para la investigación nuclear como para aplicaciones en medicina o ciencia de materiales.

Pero recordemos que a estos núcleos solo podemos llamarlos elementos cuando existen durante el tiempo suficiente como para atrapar electrones del medio y formar átomos (al menos durante $10^{-14}$ s), y en ese momento, si la producción y la técnica lo permite, se pueden estudiar sus propiedades químicas. En el caso del neptunio y el plutonio estas propiedades químicas no resultaron ser las esperadas, y por ello Seaborg propuso que eran miembros de una nueva familia de elementos que comenzaba con el actinio (89). Como presentaba similitudes con la química de los lantánidos, esta familia de elementos, los actínidos, se colocó debajo y condujo al último cambio importante en la forma habitual de la tabla periódica. Seaborg compartió con Edwin McMillan el Premio Nobel de Química en 1951 por sus descubrimientos sobre las propiedades químicas de los elementos transuránidos.

La síntesis de los siguientes elementos, desde el americio (95) al californio (98), se realizó también en laboratorios de los Estados Unidos entre 1944 y 1950, a través del bombardeo de núcleos pesados con neutrones o partículas alfa. En cambio, los dos elementos siguientes, el einstenio (99) y el fermio (100), se encontraron por primera vez, de forma inesperada, entre las cenizas del ensayo nuclear de la primera bomba de hidrógeno, en 1952, en un atolón de las Islas Marshall en el océano Pacífico. La detonación de la bomba produjo reacciones de fusión nuclear acompañadas de un flujo de neutrones muy intenso. En ese momento, fue posible que núcleos de uranio absorbieran una gran cantidad de neutrones, imitando a la nucleosíntesis estelar por captura rápida (el proceso r descrito en el capítulo 5). Después, las sucesivas desintegraciones beta dieron lugar a núcleos de los elementos por encima del californio. Por ejemplo, cuando un núcleo de uranio-238 captura 15 neutrones se convierte en uranio-253, un isótopo rico en neutrones que tras siete desintegraciones beta da lugar al einstenio-253. Un equipo de investigadores de Berkeley y del Laboratorio Nacional de Argonne, situado cerca de Chicago, descubrieron la presencia de los elementos einstenio y fermio en la zona de la explosión: en los filtros de papel que la habían sobrevolado y en muestras de coral recogidas en una isla vecina.

Existen pocas aplicaciones, más allá de la investigación básica, que utilicen en la actualidad estos elementos transuránidos. Por citar algunas, el plutonio se utiliza como elemento fisible en un cierto tipo de combustible empleado en los reactores nucleares, mientras que algunos radioisótopos de estos elementos se han empleado en pequeños generadores termoeléctricos a bordo, por ejemplo, de sondas espaciales como las Voyager. Por otra parte, una diminuta cantidad de americio se emplea en un tipo de detectores de humo llamados de ionización, mientras que el californio se usa como fuente radiactiva de neutrones en aplicaciones como el llamado análisis por activación con neutrones. Gracias a esta técnica es posible identificar los elementos presentes en un cierto material, que se tornan radiactivos al absorber los neutrones.

## La isla de la estabilidad

Acabamos de ver que, más allá del uranio, cada vez cuesta más sintetizar nuevos elementos más pesados y, además, todos son radiactivos y se desintegran en otros más ligeros. Cabría esperar que se mantuviera esta tendencia y se alcanzara pronto el límite de la tabla periódica. De manera intuitiva, ya con un modelo macroscópico del núcleo en el que lo asemejamos a una gota líquida, se puede calcular que podríamos llegar, como máximo, a núcleos con número atómico Z alrededor de 103, es decir, el lawrencio. A partir de este la repulsión electrostática de los protones (¡son muchas cargas positivas juntas en un espacio reducidísimo!) hace que el núcleo se parta en dos trozos rápidamente, es decir, enseguida tiene lugar la llamada fisión espontánea. Para ilustrar lo inestables que se tornan los núcleos cuando nos vamos adentrando en la región de los superpesados, podemos ver en la figura 25 sus vidas medias como función del número de protones. La intuición nos dice que pronto llegaremos a núcleos tan inestables que su corta vida media no les permitiría llegar a atrapar electrones del medio. Por tanto, no los podríamos considerar elementos (un límite establecido, como hemos visto, en $10^{-14}$ s).

FIGURA 25
**Vidas medias de los isótopos más estables de los 26 elementos transuránidos.**

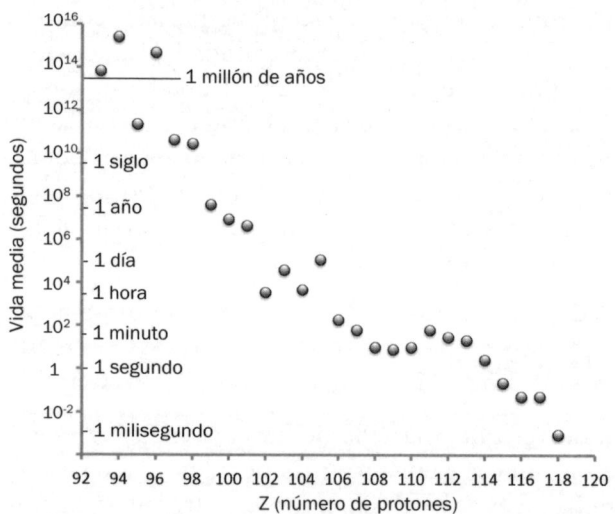

Poder ir más allá del elemento 103 debe haber algún efecto que aumente la llamada barrera de fisión que mantenga el núcleo unido durante más tiempo. Este efecto se propuso ya en los años sesenta del siglo pasado como consecuencia de la estructura de capas del núcleo. Incluso se propuso definir los núcleos superpesados como aquellos cuya existencia es debida principalmente a su estructura de capas. Los cálculos teóricos, ya con modelos microscópicos, como el modelo de capas nuclear, llevaron al concepto de isla de la estabilidad. En 1966 William Myers y Władysław Świątecki publicaron un primer artículo donde, partiendo de un modelo de gota líquida sobre el que efectuaron ciertas correcciones debidas a las capas nucleares, llegaron a la conclusión de que un hipotético núcleo con 126 protones y 184 neutrones debería poder existir durante un tiempo considerable. Más adelante, otros artículos calcularon que este núcleo no debería experimentar fisión, pero sí desintegrarse emitiendo partículas alfa, con una vida media de alguna milésima de segundo, que puede parecer poco, pero es más que suficiente para formar un átomo y por tanto considerarlo un nuevo elemento. Nuevos cálculos publicados en artículos posteriores y presentados en conferencias durante 1966 y 1967 predecían esta cuasi-estabilidad alrededor de $Z = 114$. Por ejemplo, para el elemento 110 se predecía una vida media total de 100 millones de años.

Como se muestra en la figura 26, la isla de la estabilidad se encontraría alejada del continente de núcleos estables y por encima de otra isla, donde se encuentran los núcleos más estables de, entre otros, el uranio o el torio.

Motivados por la búsqueda de esta isla de estabilidad, que nos daría claves para construir los modelos nucleares que describan sistemas tan complejos como los transactínidos, físicos nucleares de todo el mundo trabajan en la síntesis y el estudio de núcleos superpesados. Estos núcleos con más de 103 protones se han buscado en la naturaleza, como veremos en la próxima sección, pero sobre todo se han producido de forma artificial en unos pocos laboratorios, en concreto en cuatro instalaciones con aceleradores de iones pesados: el GSI en Alemania, el LBNL en los Estados Unidos, el JINR en Rusia y el Riken Nishina Center en Japón.

Representación en tres dimensiones de la estabilidad de los núcleos más pesados. La región de núcleos estables (el continente) termina en el entorno del plomo y el bismuto, mientras que otra zona de relativa estabilidad aparece alrededor de los isótopos del torio y el uranio (con 90 y 92 protones, respectivamente). Para núcleos superpesados, la teoría predice la existencia de una isla de estabilidad, todavía por explorar completamente en los experimentos.

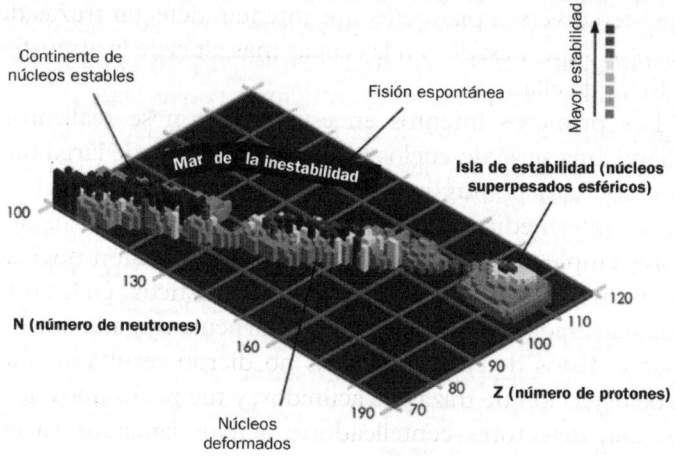

## Búsqueda de elementos superpesados en la naturaleza

Desde los años sesenta del siglo XX se buscan trazas de elementos superpesados en los rayos cósmicos galácticos, es decir, aquella radiación formada por partículas subatómicas de alta energía procedentes del espacio exterior que llegan a la atmósfera provocando cascadas de partículas. Estos rayos cósmicos galácticos, al contrario que los solares, se originan fuera del sistema solar, probablemente en explosiones de supernovas. La lógica dicta que, si se sintetizan elementos superpesados en las supernovas, deberíamos observar sus señales en los rayos cósmicos.

De acuerdo con los cálculos teóricos que se hacen de abundancias de los núcleos producidos en el proceso r de la nucleosíntesis estelar, el flujo de elementos pesados en los rayos cósmicos galácticos debe ser extremadamente pequeño, y ni que decir tiene que la presencia de superpesados debe ser casi despreciable. Como ejemplo, se estima que el flujo de cualquier elemento superpesado debe ser 1 millón de veces menor que el del hierro, que ya de por sí es pequeño. Por tanto, la búsqueda de superpesados directamente en los rayos cósmicos es una tarea extremadamente difícil. A pesar de todo, existen diversos proyectos que intentan detectar trazas de elementos superpesados en las capas más altas de la atmósfera o fuera de ella.

Los primeros intentos en esta dirección se realizaron mediante una serie de vuelos pioneros de globos de larga duración con cargas muy pesadas (varios días, 1 tonelada) en latitudes intermedias a finales de la década de 1970. Los detectores empleados eran pasivos: placas de emulsión nuclear (como el papel fotográfico) o polímeros (plásticos) en los que queda registrada la traza de cualquier partícula cargada que los atraviese. Estos detectores pasivos no dieron resultados fiables de detección de trazas de actínidos, y fue pocos años después, con detectores centelleadores activos lanzados ya en satélites orbitando la Tierra a más de 600 km, cuando se observaron las primeras trazas de elementos pesados después de algo más de dos años de funcionamiento. Hasta la fecha, el detector que más tiempo ha estado recabando datos de trazas de elementos pesados (más allá del uranio) en el espacio funcionó durante unos seis años y llegó a detectar 35 trazas de elementos con Z entre 88 y 96. Se estimó la existencia de un flujo no despreciable de plutonio (94) y posiblemente, pero con mucha incertidumbre, de curio (96). En ningún caso se han visto elementos transactínidos ($Z > 103$) en los rayos cósmicos.

Visto lo complejo que es detectar trazas de superpesados directamente en los rayos cósmicos, debido a la escasísima presencia de estos, se plantea que quizás la única manera de mejorar estos experimentos y dotarles de la sensibilidad necesaria es construyendo detectores de un tamaño enorme y lanzándolos al espacio, con todas las complicaciones que ello conlleva, o midiendo con detectores algo más pequeños durante un tiempo muchísimo mayor, lo que se vuelve complicado si hablamos de detectores que necesitan baterías. Pero ¿qué pasaría si la naturaleza nos hubiera regalado ya el material sensible y lo hubiera puesto a detectar rayos cósmicos durante cientos de millones de años?

FIGURA 27
**Imágenes de microscopio de trazas de elementos superpesados de los rayos cósmicos galácticos registradas en cristales de olivino. La dimensión vertical de la imagen superior corresponde a 80 µm y la de la inferior, a 55 µm.**

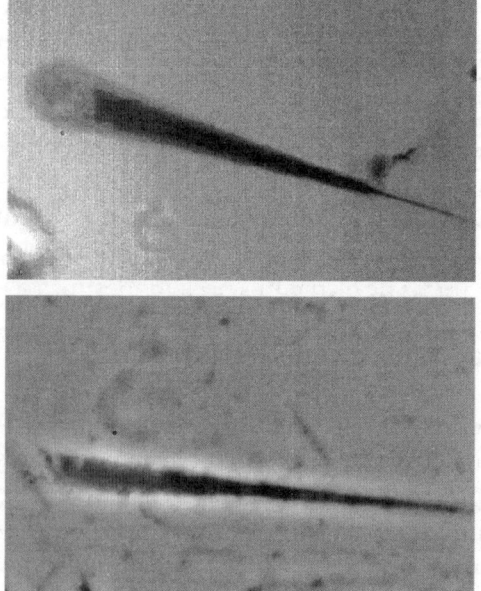

La idea data, de nuevo, de los años setenta, y se puso muy de moda en la primera década del 2000: midamos trazas de rayos cósmicos en materiales presentes en los meteoritos que sean sensibles al paso de partículas cargadas. No olvidemos que la mayor cantidad de información utilizada para calcular la abundancia de elementos en el sistema solar fue obtenida de los datos sobre la composición de los isótopos encontrados en los meteoritos. Pues bien, en la búsqueda de trazas de superpesados en meteoritos lo que se intenta encontrar es el daño producido por iones de estos elementos que impactan a gran velocidad contra cristales de olivino en meteoritos ricos en hierro-níquel. Estos meteoritos han estado expuestos a la radiación cósmica durante su largo de viaje de decenas o centenas de millones de años y, con la metodología apropiada, se pueden encontrar los defectos producidos por los impactos de estos en la estructura cristalina del olivino (figura 27).

Aunque son medidas muy complejas y no todos los diferentes grupos están de acuerdo, algunos trabajos de investigación han informado de más de 100 trazas de elementos con $Z > 88$, de las cuales 3 se debían a elementos superpesados con $Z > 105$, en particular, la carga que le asignan a una de ellas es compatible con $Z = 119$, pero con una incertidumbre demasiado grande como para aceptarlo como un descubrimiento. No obstante, es una línea de investigación muy activa todavía.

## Producción artificial de elementos superpesados

Como hemos visto en la sección anterior, es muy difícil encontrar elementos superpesados en la naturaleza porque las pocas indicaciones que tenemos de ellos vienen acompañadas de incertidumbres tan grandes que no se puede extraer ninguna conclusión firme al respecto. De manera que, igual que los transuránidos se fueron sintetizando y estudiando en laboratorios durante los años cuarenta y cincuenta del siglo pasado utilizando el bombardeo con neutrones, hoy en día se siguen realizando experimentos costosos en grandes laboratorios con aceleradores de iones pesados para producir las reacciones nucleares que nos permitan sintetizar, de manera artificial, estos elementos superpesados que deberían acercarnos a la isla de la estabilidad.

Teniendo la posibilidad tanto de fabricar blancos como de acelerar iones hasta de uranio, lo siguiente es decidir cuáles son las mejores reacciones nucleares y las energías óptimas de los haces para producir los núcleos de interés, en este caso los que den lugar a elementos superpesados por encima del seaborgio (106). En este sentido, se propuso primero realizar reacciones de fusión a energías más bien bajas en las que se irradiaba un blanco de plomo o bismuto con un haz de los iones apropiados para conseguir la Z deseada en el núcleo final, producto de la fusión. La idea de utilizar energías bajas es para que el núcleo resultante no se sintetice en un estado de excitación muy alto y emita tan solo 1 o 2 neutrones y algún rayo gamma, pero nunca protones, porque esto bajaría la Z final. A este tipo de reacciones a baja energía se les llamó fusión fría[3], y fueron concebidas por el físico soviético Yuri Oganessian en Dubná.

Los isótopos más ligeros de elementos en el rango Z = 107-113, que forman lo que se conoce como la región superpesada inferior, se identificaron entre 1994 y 2004. Del 107 al 112 se produjeron todos antes de finalizar el año 2000 en el GSI de Darmstadt (Alemania) mediante experimentos de fusión fría con blancos de plomo o bismuto. Como se observó, el rendimiento de la producción disminuye muchísimo a medida que aumenta el número atómico. Hasta el 112 estos elementos se nombraron bohrio, hasio, meitnerio, darmstatio, roentgenio y copernicio. Lograr la síntesis del 113, en el Riken Nishina Center de Japón en 2004, utilizando fusión fría, ya fue un gran desafío. Se necesitaron más de 500 días de experimento para conseguir 3 átomos del elemento 113, el nihonio. Después de este había que buscar otra forma, la

---

3. No confundir con el uso que se hace a veces del mismo término, fusión fría, para hablar de reactores de fusión de hidrógeno a baja temperatura con los que se obtiene energía limpia e inagotable, algo de lo que se ha hablado mucho pero que nunca ha dado resultados.

fusión con blancos de bismuto o plomo a baja energía no podía dar más de sí. Algunos ejemplos de estas reacciones utilizadas para la síntesis de superpesados a baja energía fueron:

$$^{54}Cr + {}^{209}Bi \rightarrow {}^{263}Bh \ (Z=107), \text{ en GSI}$$
$$^{62}Ni + {}^{208}Pb \rightarrow {}^{270}Ds \ (Z=110), \text{ en GSI}$$
$$^{70}Zn + {}^{209}Bi \rightarrow {}^{278}Nh \ (Z=113) + n, \text{ en Riken}$$

En la llamada región superpesada superior, los isótopos más pesados de elementos con $Z = 114\text{-}118$ ya no pueden sintetizarse con este tipo de reacciones. Se requieren blancos más pesados, actínidos entre el uranio y el californio, además de haces de iones $^{48}Ca$ a bastante más energía, y por ello se llaman reacciones de fusión caliente. Todos los elementos en esta región se sintetizaron en el laboratorio Flerov del JINR en Dubná (Rusia), y se llaman flerovio, moscovio, livermorio, teneso y oganesón. La reacción nuclear que llevó a la síntesis del más pesado hasta la fecha fue:

$$^{249}Cf + {}^{48}Ca \rightarrow {}^{294}Og \ (Z=118) + 3n, \text{ en JINR.}$$

Es importante darse cuenta de que el blanco más pesado que podemos fabricar es el de californio, por lo que el oganesón, con $Z=118$, es el último elemento que podemos sintetizar con haces de $^{48}Ca$ sobre blancos de actínidos. En la búsqueda del 119 ya se han probado reacciones como $^{50}Ti + {}^{249}Bk$ y $^{64}Ni + {}^{238}U$, pero no se han obtenido resultados. La figura 28 muestra un resumen de la síntesis de los superpesados con el tipo de reacción y el lugar y año en que se sintetizaron.

El oganesón completa la séptima fila de la tabla periódica, pero se espera que en un futuro cercano se sumen nuevos elementos. Especialmente interesante será sintetizar núcleos en el centro de la esperada isla de estabilidad, pero por el momento los núcleos más pesados conocidos, con casi 300 nucleones, todavía son demasiado pobres en neutrones.

**FIGURA 28**

**Los elementos transuránidos.** Arriba, línea temporal de su descubrimiento, con los métodos y laboratorios responsables. Abajo, lista de los nombres y símbolos, junto al planeta, ciudad, región geográfica o científico que representan. Los nombres y símbolos de los elementos 113, 115, 117 y 118 son las últimas incorporaciones, aprobadas por la IUPAC en 2016.

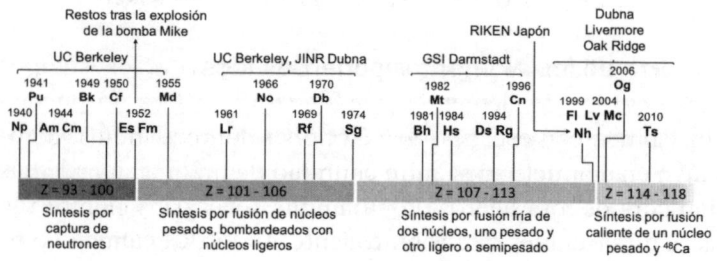

| Z | NOMBRE (SÍMBOLO) | EN HONOR A |
|---|---|---|
| 93 | neptunio (Np) | planeta Neptuno |
| 94 | plutonio (Pu) | planeta enano Plutón |
| 95 | americio (Am) | continente América |
| 96 | curio (Cm) | Marie (1867-1934) y Pierre Curie (1859-1906) |
| 97 | berkelio (Bk) | ciudad de Berkeley, sede del laboratorio LBNL |
| 98 | californio (Cf) | universidad y estado de California |
| 99 | einstenio (Es) | Albert Einstein (1879-1955) |
| 100 | fermio (Fm) | Enrico Fermi (1901-1954) |
| 101 | mendelevio (Md) | Dmitri Mendeléyev (1834-1907) |
| 102 | nobelio (No) | Alfred Nobel (1833-1896) |
| 103 | lawrencio (Lr) | Ernest O. Lawrence (1901-1958) |
| 104 | rutherfordio (Rf) | Ernest Rutherford (1871-1937) |
| 105 | dubnio (Db) | Dubná, ciudad rusa sede del centro JINR |
| 106 | seaborgio (Sg) | Glenn T. Seaborg (1912-1999) |
| 107 | bohrio (Bh) | Niels Bohr (1885-1962) |
| 108 | hasio (Hs) | estado alemán de Hesse, sede del laboratorio GSI |
| 109 | meitnerio (Mt) | Lise Meitner (1878-1968) |
| 110 | darmstatio (Ds) | Darmstadt, ciudad sede del laboratorio GSI |
| 111 | roentgenio (Rg) | Wilhelm Roentgen (1845-1923) |
| 112 | copernicio (Cn) | Nicolás Copérnico (1473-1543) |
| 113 | nihonio (Nh) | Japón, país del laboratorio Riken |

| Z | NOMBRE (SÍMBOLO) | EN HONOR A |
|---|---|---|
| 114 | flerovio (Fl) | Gueorgui Fliórov (1913-1990) |
| 115 | moscovio (Mc) | región de Moscú, sede del JINR de Dubná |
| 116 | livermorio (Lv) | laboratorio nacional Lawrence Livermore |
| 117 | teneso (Ts) | Tennesse, estado sede del laboratorio Oak Ridge |
| 118 | oganesón (Og) | Yuri Oganessian (nacido en 1933) |

## Química de los elementos superpesados

Los elementos superpesados, como su nombre indica, contienen en su núcleo una gran cantidad de masa en comparación con los más ligeros. Por ejemplo, son varios cientos de veces más pesados que el hidrógeno, el helio o el litio. Es por ello que brindan una oportunidad única para estudiar la influencia de fuertes efectos relativistas del núcleo sobre los electrones en los diferentes orbitales y explorar, desde una perspectiva relativista, las propiedades químicas y la estructura atómica en los límites de la tabla periódica. Además, nos proporcionan un banco de pruebas ideal para validar y progresar en los modelos cuántico-relativistas del átomo y el enlace químico.

Los elementos superpesados comienzan una nueva serie en la séptima fila de la tabla periódica. En los primeros grupos, del Rf (104) al Cn (112), se va llenando la capa de electrones 6d. Después del Cn se va llenando la capa 7p en los siguientes seis elementos, desde el Nh (113) hasta Og (118). Dado que los efectos relativistas sobre los orbitales atómicos aumentan con el cuadrado del número atómico, cabe esperar que sean fuertes en los elementos superpesados.

Recordemos que para hacer experimentos químicos se necesitan cantidades apreciables de la sustancia de estudio, y un cierto tiempo para realizar las medidas. Debido a la baja producción y a las vidas medias de los isótopos en juego, solo se dispone de datos experimentales de química y propiedades atómicas hasta el Hs (108). Tanto los resultados experimentales como los cálculos teóricos para todos los elementos estudiados hasta el Sg (106) son muy consistentes con la pertenencia de cada elemento a su grupo (columna en la tabla periódica) correspondiente. Dicho de otra manera, las propiedades químicas del Sg, por ejemplo, son las esperadas para los elementos de su grupo, como el Mo o el Cr. Estos experimentos hasta el Sg han servido no solo para corroborar su pertenencia al grupo correspondiente, sino para validar los cálculos teóricos con modelos cuántico-relativistas de las propiedades atómicas y químicas de estos elementos.

Sin embargo, en el caso del hasio (108) estos cálculos ya predicen efectos que no serían los esperados al movernos por los distintos periodos (filas) dentro del grupo (columna, la 8 en este caso) en que se ubica el elemento. Por ejemplo, tanto el Ru como el Os y el Hs (todos del grupo 8) forman tetróxidos muy volátiles ($RuO_4$, $OsO_4$, $HsO_4$), pero la tendencia en volatilidad, además de otras propiedades químicas, se invierten a lo largo del periodo cuando se llega al Hs, debido a efectos relativistas relacionados con la gran masa del núcleo de Hs. Aunque se invierta esta tendencia, eso no implica que el Hs no pertenezca al grupo 8.

Cuando vamos a $Z > 108$, las escasas medidas experimentales se realizan con unos pocos átomos (por ejemplo, hay resultados publicados sobre la química del 112 con medidas de solo 2 átomos). Sin embargo, existen muchos cálculos teóricos. Un ejemplo interesante es el Rg (111), debido a la expectativa de propiedades inusuales causadas por la estabilización relativista de los orbitales 7s en el grupo 11. Por ejemplo, para el compuesto RgH los cálculos han demostrado que la tendencia a un aumento en la energía de enlace del AgH al AuH se debe invertir al ir del AuH al RgH.

En el caso del Cn (112), los efectos relativistas deberían manifestarse de la forma más espectacular. Debido a que cierra la capa electrónica $6d^{10}\ 7s^2$, y a la mencionada estabilización relativista del orbital 7s, uno esperaría que el Cn se comportase como un gas ideal, pese a estar en el grupo 12, por debajo del Cd y el Hg (metales). De hecho, los cálculos predicen algo así como un metal noble, del estilo del Hg. Sin embargo, la volatilidad del CnAu, mucho más alta que la del HgAu, indica que su conductividad es más propia de los semiconductores que de los metales.

Por último, terminamos con un hecho curioso sobre el último de los elementos sintetizados hasta la fecha. El Og (118) se sitúa en el grupo 18, es decir, el de los gases nobles, justo debajo del Rn. Obviamente no hay medidas experimentales de ninguna de sus características químicas, pero durante mucho tiempo se predijo que a temperatura ambiente debería ser un gas, como sus homólogos del mismo grupo. Cálculos no relativistas estimaban su temperatura de fusión en -53 °C. Sin embargo, desde 2020 se vienen publicando resultados de diferentes cálculos relativistas que predicen el Og en estado sólido a temperatura ambiente, con una temperatura de fusión de más de 50 °C.

# Epílogo

Terminamos aquí nuestra aventura en torno a la formación de los elementos que componen la materia ordinaria, donde hemos explorado los diferentes procesos que hacen posible la nucleosíntesis. Iniciamos este viaje en los primeros instantes del universo, cuando aparecieron los elementos más simples, y finalizamos con la síntesis artificial de los más pesados, tras revisar los complejos procesos que tienen lugar en el núcleo de las estrellas.

Comenzamos con la formación de los elementos más ligeros durante los primeros minutos tras el Big Bang. A medida que el universo se expandía y enfriaba, estos primeros elementos se convirtieron en los ladrillos fundamentales para la formación de las estrellas: los auténticos calderos cósmicos donde se cocinan el resto de los elementos.

En las estrellas ligeras, hemos visto cómo los procesos de fusión nuclear transforman el hidrógeno en helio, lo que posteriormente da lugar a elementos como el carbono, a través de un proceso tan fascinante como el triple alfa. Estas estrellas, aunque modestas en comparación con sus hermanas mayores, desempeñan un papel crucial en la producción de materia en el universo, enriqueciendo el medio interestelar con elementos esenciales para la vida.

Las estrellas más masivas nos llevan un paso más allá, sintetizando elementos hasta la región del hierro. Sin embargo, es en los eventos explosivos más energéticos del cosmos donde se crean, de forma natural, los elementos más pesados. Estas explosiones violentas no solo marcan el final de una estrella, como en el caso de una supernova, sino que también siembran el universo con los materiales necesarios para la formación de nuevas estrellas y sus sistemas planetarios.

Finalmente, hemos abordado la producción de elementos superpesados en grandes instalaciones de la física nuclear experimental. Estas investigaciones son, sin duda, fruto de la curiosidad y la capacidad humana para replicar, a pequeña escala, los escenarios más extremos del cosmos.

Nuestro objetivo ha sido acercar al lector a los misterios principales de la nucleosíntesis, pero aún queda mucho por descubrir. Cada nuevo hallazgo nos acerca a una comprensión más profunda del universo y del origen de la materia, recordándonos que la ciencia es una aventura interminable, llena de preguntas y escondites por explorar.

# Bibliografía

ARMBRUSTER, P. (1998): "La síntesis de los elementos super-pesados", *Investigación y Ciencia*, n° 266.

BAGULYA, A. V. *et al.* (2013): "Search for superheavy elements in galactic cosmic rays", *JETP Letters*, vol. 97, n° 12, pp. 708-719.

BUSTELO, J. A.; GARCÍA, J. y ROMÁN, P. (2012): "Los elementos perdidos de la tabla periódica: sus nombres y otras curiosidades", *Anales de Química*, vol. 108, n° 1, pp. 57-64.

CASAS, A. (2010): *El lado oscuro del universo*, colección ¿Qué sabemos de?, Madrid, Los Libros de la Catarata/CSIC.

ELGUERO, J.; GOYA, P. y ROMÁN, P. (2019): *La tabla periódica de los elementos químicos*, colección ¿Qué sabemos de?, Madrid, Los Libros de la Catarata/CSIC.

GALADÍ, D. (2022): *La evolución estelar*, Barcelona, National Geographic/RBA.

GELLER, R.; FREEDMAN, R. y KAUFMAN III, W. (2019): *Universe* (11ª ed.), Nueva York, Macmillan International.

GRAY, T. (2019): *Los elementos*, Barcelona, Larousse.

INGLIS, M. (2003): *Observer's Guide to Stellar Evolution: the Birth, Life, and Death of Stars*, Londres, Springer.

MORENO, O. (2022): *La energía de las estrellas*, Barcelona, National Geographic/RBA.

Parsons, P. y Dixon, G. (2014): *Guía ilustrada de la tabla periódica*, Barcelona, Ariel.

Pérez, J. (2016): *La alquimia,* colección ¿Qué sabemos de?, Madrid, Los Libros de la Catarata/CSIC.

Ryan, S. y Norton, A. (2010): *Stellar Evolution and Nucleosynthesis*, Cambridge University Press.

# Títulos de la colección
## ¿Qué sabemos de?